GRUNDKURS IM BÜRGERLICHEN RECHT

Eine Einführung in das Bürgerliche Recht anhand praktischer Übungen für Juristen und Wirtschaftswissenschaftler

von
Dr. jur. Johann Georg Helm
o. Prof. an der Universität Erlangen-Nürnberg

Walter de Gruyter · Berlin · New York · 1971

ISBN 3 11 003816 1

VORWORT

Dieses Übungsbuch versucht in einer neuartigen Weise, den Anfänger in die Grundzusammenhänge und die Methodik des bürgerlichen Rechts einzuführen. Das Buch entstand aus der Arbeit in kleinen Gruppen (Arbeitsgemeinschaften), die mit einheitlichem Arbeitsmaterial ausgestattet werden mußten. Es umfaßt den Übungsstoff einer über ein ganzes Semester gehenden 6-8stündigen Arbeitsgemeinschaft. Die meisten Übungen sind praktisch erprobt und nach didaktischen Gesichtspunkten überarbeitet. Sie behandeln den für das Systemverständnis unentbehrlichen Stoff ohne jeden Anspruch auf Vollständigkeit.

Das vorliegende Buch kann kein Lehrbuch ersetzen. Wie schon die Hinweise zu Beginn der Übungen erkennen lassen, wird stets die vorherige Lektüre eines (Kurz-)Lehrbuchs vorausgesetzt. Der Student soll sein durch Lesen bestenfalls theoretisch geordnetes Wissen beim Durcharbeiten der Übungen mit Fällen in Verbindung bringen und den praktischen Sinngehalt und den über die Grenzen systematischer Einteilungen hinausgehenden Zusammenhang der abstrakten Rechtsnormen erfassen können.

Von zentraler Bedeutung für das Verständnis der juristischen Denkvorgänge ist die Übersetzung der abstrakten Gesetzesanordnung in die konkrete Einzelfall-Regelung, die *Subsumtion.* Der Subsumtionsvorgang wird in seinem an sich einfachen Grundgedanken vom Anfänger *theoretisch* meist schnell verstanden. Jede *praktische* Anwendung stößt jedoch auf überraschende Schwierigkeiten. Der Student benötigt in der Regel mehrere Semester, bis er einen Fall exakt gutachtlich zu untersuchen gelernt hat.

In der Studienliteratur findet der Anfänger wenig Hilfe. Zwar gibt es Anleitungsbücher für das Lösen von Fällen. Aber diese setzen ganz beachtliche Vorkenntnisse voraus und eignen sich eher zur Vervollkommnung der Fertigkeiten als zu ihrer ersten Erlernung. Auch „Fälle mit Lösungen" nutzen dem Anfänger wenig. Zwar kann er dort die angebotene Musterlösung staunend nachvollziehen; warum sie aber gerade *so* sein muß, begreift er erst in späterem Semester. Noch weniger eignen sich höchstrichterliche Entscheidungen zur Erarbeitung der Rechtstechnik. In aller Regel übergehen sie Tatbestandsmerkmale, die im Prozeß keine Rolle spielten. Ihre Nachahmung verleitet daher nicht nur zum sog. „Urteilsstil", sondern auch zu unsorgfältiger, nur die vermeintlichen Schwerpunkte berührender Denkweise.

Demgegenüber will dieses Übungsbuch die Subsumtionstechnik von Grund her aufbauen. Der Anfänger soll mit dem Nebeneinander von abstrakter Regel und konkreter Tatsache vertraut gemacht werden. In den ersten beiden Übungen werden nur das genaue Lesen von Vorschriften und der Subsumtionsvorgang geübt. Die materiellen Voraussetzungen der Tatbestände und der Gang der Untersuchung werden dem Bearbeiter weitgehend vorgezeichnet. Auch in späteren Übungen wird dem Studenten nie zu Beginn eine fertige Fallösung abverlangt. Vorfragen, Verständnisfragen und Teilgutachten sollen ihn darauf vorbereiten, das Gutachten am Ende der Übung selbständig zu verfassen. Vielfach muß hierbei ein exakt aufgebautes, abstraktes Lösungsschema vorgegeben werden, weil die Selbstausstellung des Gangs der Untersuchung *und* ihre Ausführung den Anfänger überlasten würde. Hat er einmal nach vorgegebenem Schema eine Aufgabe gelöst, so kann und muß man verlangen, daß er das Schema im Schlußgutachten oder auch später rekonstruieren, nach Bedarf variieren und auf andere Fälle anwenden kann. Da dem Studenten ein Teil seines Denkens durch systematisch angeordnete Fragen vorgeschrieben wird, kann man von *„teilprogrammierten"* Übungen sprechen.

Die Stoffauswahl orientiert sich nicht an der herkömmlichen Einteilung nach Büchern des bürgerlichen Gesetzbuchs, sondern geht aufbauend vom Einfacheren zum Schwierigen vor. Daher folgen den Subsumtionsübungen 1 und 2 zunächst die unerläßlichen sachenrechtlichen Grundlagen (Übung 3). Sodann werden die Rechtsverhältnisse in möglichst unkomplizierter Form behandelt. So werden z.B. der Abschluß und die Abwicklung schnellrechtlicher Verträge zunächst in ungestörtem Zustand erarbeitet. Leistungsstörungen und Willensmängel folgen als „pathologische" Fälle später. Die Beteiligung dritter Personen an den Rechtsverhältnissen wird erst gegen Ende des Buches (Übungen 16-18) zum Gegenstand des Erörterns. Durch diese Abfolge soll erreicht werden, daß der Student sich nicht schon am Anfang vor nicht auflösbaren Komplexen von Rechtsbeziehungen sieht.

Im Untertitel empfiehlt sich dieses Buch gleichermaßen für Studenten der Rechtswissenschaft wie der Wirtschaftswissenschaften. Es mag hier offen bleiben, inwieweit es überhaupt möglich ist, einem Studenten der Wirtschaftswissenschaften in den wenigen zur Verfügung stehenden Semesterwochenstunden neben zahlreichen anderen Fächern eine Übersicht über die „wirtschaftlich wesentlichen Teile des Rechts" zu vermitteln. Sicher ist, daß alles Erlernen von Wissen verschwendet ist, wenn der Student die Rechtstechnik nicht wenigstens in den Grundzügen beherrscht. Die Rechtstechnik ihrerseits kann sich nicht dadurch unterscheiden, ob sie einem angehenden Juristen oder Wirtschaftswissenschaftler vermittelt werden soll. Mit der grundlegenden Erfahrung der juristischen Methodik kann auch dem Studenten der Wirtschaftswissenschaften wenigstens ein Schlüssel zur späteren Einarbeitung der für ihn bedeutsamen juristischen Spezialmaterien mitgegeben werden.

Für die Mitwirkung bei der Entstehung dieses Buches danke ich allen Assistenten, wissenschaftlichen Mitarbeitern und Tutoren, die mit ihren Vorschlägen und ihrer Kritik sehr viel beigetragen haben, insbesondere Herrn Assessor Hanno Lembke, Herrn Rechtsreferendar Dieter Klesen und Herrn Dipl. Kfm. Helmut Geffers, der außerdem das gesamte Manuskript durchgesehen, überarbeitet und mit Literaturhinweisen versehen hat.

Nürnberg, im April 1971 *Johann Georg Helm*

INHALTSVERZEICHNIS

Seite

Lösungsvorschläge zu den Übungen

Lösungsvorschläge zu den Probeklausuren

ARBEITSANLEITUNG

Bitte vor Beginn gründlich lesen!

1. Die vorliegenden Übungen sind für schriftliche Bearbeitung gedacht. Beantworten Sie jede gestellte Frage mit Hilfe des Gesetzes und unter Angabe der betreffenden Paragraphen so exakt wie möglich in dem auf die Frage folgenden Freiraum! Der Leiter der Arbeitsgemeinschaft soll anhand der gedruckten Lösungsvorschläge Ihre schriftlichen Antworten im Gespräch mit der Gruppe korrigieren und ergänzen. Vergleichen Sie nachträglich Ihre eigenen Lösungen mit den gedruckten Lösungsvorschlägen und überprüfen Sie dabei besonders, ob Ihre Gedanken lückenlos geführt und terminologisch richtig ausgedrückt sind!

2. Der auf die einzelnen Fragen folgende Freiraum ist so bemessen, daß die Antworten in ihnen bequem mit der Hand niedergeschrieben werden können. Um das Buch nicht zu dick werden zu lassen, wurde jedoch für längere, über den unteren Seitenrand hinausgehende Antworten kein entsprechender Freiraum auf folgenden Seiten gelassen. In diesen Fällen setzen Sie die Antwort auf eigenem Papier fort. Da das Buch in Form eines abreißbaren Briefblocks gestaltet ist, können alle Blätter, einschließlich Ihrer eingeschobenen Lösungen, in richtiger Reihenfolge in einem Ordner oder Hefter ablegen.

3. Wenn Sie aus Bequemlichkeit die gestellten Fragen nicht zunächst selbst zu beantworten versuchen, sondern sogleich die Lösungsvorschläge lesen, vergeben Sie die Chance zu eigener Leistung, zu geistigem Training und zur Selbstüberprüfung. Falls Sie mit einer Antwort überhaupt nicht zurechtkommen, lesen Sie notfalls den Lösungsvorschlag aufmerksam durch und versuchen Sie – ohne nochmals nachzuschlagen – ihn als Antwort hinter der Frage niederzuschreiben. Wenn Sie diese (vereinfachte) Aufgabe nicht ohne weiteres bewältigen, haben Sie den Lösungsvorschlag, vielleicht auch bereits die Fragestellung nicht verstanden und müssen außer Frage und Lösung auch den ganzen betreffenden Stoff anhand eines Lehrbuchs sehr gründlich nacharbeiten.

4. Die Übungen setzen Grundkenntnisse des betr. Stoffs voraus, die in der Vorlesung oder durch Lesen erworben werden können. Um Ihnen eine gezielte Vorbereitung auf die Übung zu erleichtern, wurden die betr. Kapitel und Abschnitte gängiger kürzerer Lehrbücher vor der Übung angegeben. Selbstverständlich können Sie auch andere Bücher verwenden. *Ohne vorherige Kenntnis des Stoffes ist die Bearbeitung der Fragen überwiegend nicht möglich.*

5. Es wird empfohlen, die Übungen in der fortlaufenden Reihenfolge durchzuarbeiten. Sie sind aufeinander aufbauend angeordnet, so daß zuvor erworbene Kenntnisse bei späteren Übungen vorausgesetzt werden.

6. Die „*Probeklausuren*", die den Übungen folgen, sollen es Ihnen ermöglichen, nach der vollständigen Durcharbeitung aller Übungen selbst zu überprüfen, ob Sie die erworbenen Kenntnisse und Fähigkeiten anwenden können. Da sie nicht unmittelbar an vorhergehende Übungen anknüpfen, verlangen sie mehr Selbständigkeit als die in den einzelnen Übungen aufgegebenen Gutachten. Die Klausuren sollten ohne Literatur und ohne Nachblättern in den Übungen nur mit Hilfe des Gesetzes geschrieben werden. Ergibt der Vergleich zwischen Ihrer selbstverfaßten Lösung und dem gedruckten Lösungsvorschlag, daß wesentliche Punkte übersehen oder unrichtig behandelt worden sind, so müssen Sie mindestens die Übungen, die diesen Stoff behandeln, nochmals durcharbeiten. Sie sollten dann – einige Wochen später – die Klausuren noch einmal selbständig schreiben und wiederum mit dem Lösungsvorschlag vergleichen.

ÜBUNG 1

Diese Übung dient nur der Einführung in die Probleme der Gesetzesanwendung im Hinblick auf eine Klausurlösung, sie will nicht die Problematik des Rechts der unerlaubten Handlung umfassend darstellen.

I. Lesen Sie § 823 Abs. 1 BGB und zerlegen Sie den Text in zwei Teile, einen, der die Voraussetzungen umschreibt und einen anderen, der die Folgen festsetzt.

Schreiben Sie diese Teile vollständig nieder:

II. Im Wortlaut des § 823 Abs. 1 BGB finden Sie folgende Begriffe:

1. vorsätzlich
2. fahrlässig
3. Eigentum
4. sonstiges Recht
5. widerrechtlich
6. Schaden

Versuchen Sie durch Nachschlagen im Gesetz (Inhaltsverzeichnis, Register) festzustellen, ob einzelne dieser Begriffe im Gesetz näher geregelt sind.

III. Die Tatbestandvoraussetzungen des § 823 Abs. 1 BGB lassen sich in nachstehender Form gliederungsmäßig erfassen.

Schreiben Sie zum nachstehenden Aufbauschema die Formulierung des Gesetzes, aus der sich das betreffende Tatbestandsmerkmal entnehmen läßt.

1. Identität zwischen Handelndem und Haftendem

2. Handlung

3. Rechts- oder Rechtsgutverletzung

4. Kausalität

5. Adäquanz

6. Rechtswidrigkeit

7. Verschulden

8. Schaden

IV. Versuchen Sie eine Interpretation der o.a. Tatbestandsmerkmale durch Beantwortung folgender Fragen:

Zu 1. Warum muß Identität zwischen Handelndem und Haftendem bestehen?

Zu 2. Können Sie sich vorstellen, daß ein Anspruch auch gegen jemanden geltend gemacht werden kann, der nicht positiv gehandelt hat?

Zu 3. Wird nach § 823 Abs. 1 BGB für jeden beliebigen Vermögensschaden gehaftet? Gibt die Formulierung des § 823 Abs. 1 BGB Anhaltspunkte für die Beantwortung dieser Frage?

Zu 4. Das Tatbestandsmerkmal ist im Wortlaut des Gesetzes nicht ausdrücklich enthalten, warum ist es hier unbedingt zu prüfen?

Wie heißt der Merksatz, durch den das Vorliegen des Kausalverlaufs begründet werden kann?

a) Beim Handeln durch positives Tun?

b) Beim Handeln durch Unterlassen?

Zu 5. a) Warum ist Adäquanz zu prüfen?

b) Worauf ist bei Adäquanz abzustellen?

Zu 6. Wie stellt man fest, ob ein Handel rechtswidrig ist?

Zu 7. a) Wie kann man Vorsatz interpretieren?

b) Wo ist Fahrlässigkeit im BGB definiert?

Zu 8. Lesen Sie die §§ 249ff BGB und versuchen Sie, den Begriff des Vermögensschadens zu definieren, wie er diesen Vorschriften zugrundeliegt.

V. **Sachverhalt eines Falles**

A ärgert sich über das nächtliche Bellen des Hundes seines Nachbarn B. Er wirft eine vergiftete Wurst über den Zaun. Der Hund frißt die Wurst und stirbt. B verlangt von A Schadensersatz und möchte diesen Anspruch auf § 823 Abs. 1 BGB stützen.

Aufgabe: Versuchen Sie, ob die oben untersuchten abstrakten Voraussetzungen des § 823 Abs. 1 BGB durch den o.a. Sachverhalt erfüllt sind (diesen Gedankengang nennt man Subsumtion, subsumieren). Stellen Sie dabei die konkreten Sachverhaltsvorgänge den unter III. aufgeführten Tatbestandsmerkmalen gegenüber, indem Sie links unter Bezifferung die einzelnen abstrakten Tatbestandsmerkmale niederschreiben, auf der rechten Seite des Blattes die entsprechenden konkreten Tatsachen.

VI. Versuchen Sie, die Ergebnisse der Subsumtionsübung V in Form eines kurzen Gutachtens darzustellen. Benutzen Sie dabei die Kennworte der Tatbestandsmerkmale als Überschriften. Bedenken Sie, daß Sie gutachtlich Stellung nehmen sollen, d.h. Sie müssen *begründen,* ob die Sachverhaltsvorgänge die einzelnen Tatbestandsvoraussetzungen erfüllen.

Art und Umfang der Schadensersatzleistungen sind dabei nicht zu bearbeiten. Die §§ 249 ff BGB werden Gegenstand einer späteren Übung sein.

ÜBUNG 2

Diese Übung ist ebenfalls als Einführung gedacht.

I. **Sachverhalt eines Falles**

Der Bergtourist A gerät in einen Schneesturm und läuft Gefahr zu erfrieren. Er bricht eine verschlossene und mit einem Schild „Betreten verboten" versehene Hütte auf, zündet den Ofen an und wärmt sich aus vorgefundenen Vorräten eine Mahlzeit.

II. Beantworten Sie folgende Fragen:

1. War der Hütteneigentümer berechtigt, seine Hütte zu verschließen und das oben genannte Schild anzubringen? Worauf könnte dieses Recht gestützt werden?

2. Unter welchen Umständen könnte hier das aus dem Eigentum fließende Ausschließungsrecht eingeschränkt sein? Versuchen Sie, die Voraussetzungen dieser Einschränkung in ähnlicher Weise wie in Übung 1 Ziff. V zu gliedern. Stellen Sie dabei wieder den Tatbestandsmerkmalen die konkreten Sachverhaltsvorgänge gegenüber und beantworten Sie die Frage, ob der Hütteneigentümer dem A das Betreten der Hütte verwehren könnte.

3. Hat der Hütteneigentümer gegen A einen Anspruch auf Ersatz der Schäden? Nennen Sie nur die eingeschlägige Vorschrift und beantworten Sie die Frage im Ergebnis.

III. Als der Hütteneigentümer, gestützt auf § 904, Satz 2 BGB, von A Schadenersatz verlangt, lehnt A einen Schadenersatz unter Hinweis auf § 228 BGB ab. Lesen Sie beide Vorschriften und begründen Sie anhand des Wortlauts, warum § 228 BGB hier nicht einschlägig ist. Die Gegenüberstellung dieser beiden Vorschriften soll Ihnen zeigen, wie wichtig das *genaue* Lesen von Gesetzestexten ist.

IV. Könnte der Hütteneigentümer einen Schadenersatzanspruch gegen A mit Erfolg auch aus § 823 Abs. 1 BGB geltend machen?

ÜBUNG 3

Einführende Literatur in das Stoffgebiet dieser Übung:

Besitz:	Westermann	§ 9 I - III
	Baur	§ 7 A, 7 B I u. II
	Lent-Schwab	§§ 3 u. 4
	Schmelzeisen	§ 60 I
Eigentum:	Westermann	§ 28
	Baur	§ 24 I u. § 50 I
	Lent-Schwab	§§ 23 (bes. III), 24, 25
	Schmelzeisen	§ 61 I
Eigentumsübertragung:	Westermann	§§ 37 - 39
	Baur	§ 5, § 51 I - III
	Lent-Schwab	§ 30 I
	Schmelzeisen	§§ 63 I, 64 I
Zum Recht der Willenserklärungen:	Lehmann-Hübner	§§ 24, 33 I
	Lange	§§ 36 - 37
	Schmelzeisen	§§ 10 - 12 I - III
Zum Herausgabeanspruch aus § 985 BGB:	Westermann	§ 30 I - IV
	Baur	§ 11 A I - II 1, B I, C I
	Lent-Schwab	§ 44 I - IV
	Schmelzeisen	§ 62 I

I. Beim Saubermachen findet Frau A in ihrem Wohnzimmer einen Kanarienvogel, dessen Eigentümerin Frau B ist. Frau A sperrt den Kanarienvogel in einen Käfig. Am nächsten Tag erscheint Frau B, bietet dieser den gesetzlichen Finderlohn an und verlangt den Vogel heraus

1. Lesen Sie §§ 985, 986 BGB und stellen Sie in eigenen Worten – höchstens mit drei Sätzen – den Sinn dieser Vorschriften dar!

2. Nennen Sie die Begriffe, die in § 985 BGB einer Interpretation bedürfen!

3. Klären Sie anhand des Gesetzestextes den Unterschied zwischen Besitz und Eigentum und nennen Sie die entsprechenden Vorschriften!

   a) Besitz

   b) Eigentum

4. Nennen Sie – abstrakt – das Objekt von Besitz und Eigentum.

5. Ist der Begriff der Sache im Gesetz näher erläutert und was umfaßt er?

6. Ist der Anspruch auf Herausgabe des Vogels, den Frau B auf § 985 BGB stützen möchte, berechtigt?

II. Frau B möchte den entflogenen Kanarienvogel nicht zurückhaben, sie möchte vielmehr den Vogel an Frau A übereignen. Wie hätte die Übereignung zu geschehen? Gehen Sie dabei folgendermaßen vor:

1. Nennen Sie zuerst die grundsätzlichen Voraussetzungen der rechtsgeschäftlichen Eigentumsübertragung an beweglichen Sachen!

2. Welchen Inhalt hat die Einigung im Sinne des § 929 BGB?

3. Wie kommt die Einigung zustande?

4. Was heißt Übergabe im Sinne des § 929 S. 1 BGB?

5. Beantworten Sie nun die Ausgangsfrage des Sachverhalts! Stellen Sie dabei den Tatbestandsmerkmalen des § 929 S. 1 BGB die realen Vorgänge gegenüber! Welche Tatbestandsvoraussetzung des § 929 S. 1 BGB ist nicht erfüllbar?

6. Kann die fehlende Tatbestandsvoraussetzung des § 929 S. 1 BGB ersetzt werden?

III. Frau X hatte der Frau Y ihren Kanarienvogel zu eigen gegeben. Beim Säubern des Käfigs entfliegt der Vogel Frau Y und kehrt in seinen alten Käfig zu Frau X zurück.

Frau Y möchte gutachtlich dargestellt haben, ob sie den Kanarienvogel aufgrund des § 985 BGB herausverlangen kann.

Bemerkung: Der Rechtsgrund der Eigentumsübertragung ist hier bewußt außer acht gelassen worden.

ÜBUNG 4

Einführende Literatur:

Lange	§§ 39 I - VI
Lehmann-Hübner	§ 24, § 33 I - II 2 a, § 33 II 3 u. 4, § 33 III 1 - 3
Schmelzeisen	§§ 10 - 12 III

I. Der volljährige Student Mehlwurm ist auf Zimmersuche. Auf eine Zeitungsanzeige der Frau Vogel „Möbliertes Zimmer zu vermieten" sucht Mehlwurm Frau Vogel auf. Frau Vogel bietet Mehlwurm an, ein bestimmtes Zimmer ab nächsten Ersten für drei Semester zu einem Preis von DM 90,– pro Monat zu mieten. Mehlwurm sagt dankbar zu. Als er dann einziehen will, verweigert ihm Frau Vogel den Zutritt. Sie streitet das Bestehen eines Mietvertrages ab.

1. Wie heißen die Willenserklärungen, durch die ein Vertrag abgeschlossen wird?

2. Welche Voraussetzungen muß die Willenserklärung erfüllen, durch die jemandem der Abschluß eines Vertrages angeboten wird?

3. Stellen Sie nun den Voraussetzungen zum Abschluß eines Mietvertrages die konkreten Sachverhaltsvorgänge gegenüber und prüfen Sie, ob diese Voraussetzungen durch den Sachverhalt erfüllt sind!

4. Das Gesetz regelt eine Rechtsfrage in zwei Vorschriften, einmal allgemein und einmal spezieller für bestimmte Sonderfälle. Wenn auf einen konkreten Sachverhalt beide Regelungen zutreffen, aber zu widersprüchlichen Ergebnissen führen, welche wenden Sie an, die allgemeine oder die speziellere?

5. Lesen Sie jetzt die §§ 566, 580, 125 BGB; sind diese §§ für die Fragestellung zu I von Bedeutung? Geben Sie eine begründete Antwort aus dem Gesetzestext!

II. **Fall-Variante**

Student Mehlwurm besichtigt das Zimmer in Abwesenheit von Frau Vogel und schreibt ihr dann, er wolle das Zimmer ab nächsten Ersten für monatlich DM 90,– mieten. Frau Vogel erklärt sich brieflich einverstanden. Der Brief geht auf der Post verloren.

1. Schreiben Sie die einzelnen Erfordernisse eines wirksamen Vertragsabschlusses nieder. Fügen Sie auf der rechten Seite die konkreten Tatsachen aus dem Sachverhalt bei, aus denen sich das Vorliegen der betreffenden Merkmale ergibt.

2. An welchem Tatbestandsmerkmal scheitert also hier der Vertragsabschluß?

III. **Fall-Variante zu II**

Frau Vogel schreibt dem Studenten nach 3 Wochen nochmals, daß sie sein Angebot annehme. Diesen Brief erhält Mehlwurm zwei Tage später.

1. Welche Vorschriften regeln solche Fälle? Geben Sie die Paragraphen hier schriftlich an:

2. Untersuchen Sie gutachtlich, ob ein Vertrag zustandegekommen ist; falls dies nicht der Fall ist, ob es noch eine Möglichkeit für den Studenten M gibt, den Vertrag zustandezubringen.

IV. Fall-Variante

Student Mehlwurm besichtigt das Zimmer in Abwesenheit von Frau Vogel und schreibt ihr dann, er wolle das Zimmer ab nächsten Ersten für monatlich DM 90,– mieten. Nach zwei Tagen reut den Studenten sein Brief und er schreibt Frau V, er nehme sein Angebot zurück. Inzwischen hatte Frau V den ersten Brief bereits erhalten. Auf den Absagebrief antwortet Frau V, sie betrachte den Mietvertrag als geschlossen.

1. Geben Sie die gesetzliche Regelung für solche Fälle an!

2. Untersuchen Sie gutachtlich, ob Frau V recht hat!

V. **Fall-Variante**

Student Mehlwurm besichtigt das Zimmer in Abwesenheit von Frau Vogel und schreibt ihr dann, er wolle das Zimmer ab nächsten Ersten für monatlich DM 90,– mieten. Frau Vogel beantwortet den Brief des Studenten nicht mit bloßer Zusage; sie schreibt vielmehr, sie sei bereit, das Zimmer für DM 100,– monatlich zu vermieten. Student Mehlwurm erhält diesen Brief.

1. In welcher gesetzlichen Bestimmung ist das hier auftauchende Problem geregelt?

2. Prüfen Sie gutachtlich, ob der Mietvertrag zustandegekommen ist; wenn dies verneint wird, wie er noch zustandekommen kann.

ÜBUNG 5

Einführende Literatur:

Brox	Allgemeines Schuldrecht, § 1
	Besonderes Schuldrecht, §§ 1 - 2 I 2
Esser	Schuldrecht, Band I, § 1 (bes. III)
	Schuldrecht, Band II, §§ 60 II, 61, 62 I u. III
Fikentscher	§§ 10, 14, 66
Larenz	Schuldrecht, Band II, §§ 35 (bes. II), § 36 I a, § 38 I
Schmelzeisen	§§ 38 I - III und VII

I. K ruft den Rundfunkhändler V an und fragt, ob er eine Ideal-Stereo-Anlage des Typs TK 10 vorrätig habe. V bejaht diese Frage. Darauf erscheint K im Laden des V. V führt dem K ein solches Gerät vor und nennt als Preis DM 2 000,–. K ist begeistert und sagt, er nehme ein solches Gerät, V solle es am nächsten Tag in seine Wohnung bringen. Am nächsten Tag erscheint V bei K und händigt dem K ein Gerät dieses Typs nebst beiliegender Rechnung über DM 2 000,– aus. Hocherfreut über die prompte Lieferung stellt K das Gerät an den vorgesehenen Platz. Am nächsten Tag geht K wieder in den Laden des V und übergibt diesem DM 2 000,–. V quittiert auf der Rechnung und legt den Betrag in seine Kasse.

1. Welcher Art ist das Geschäft, das hier getätigt wurde?

2. Wo ist dieses Rechtsgebiet im BGB geregelt?

3. Lesen Sie § 433 Abs. 1 Satz 1 und § 433 Abs. 2 BGB! Stellen Sie den Inhalt eines Kaufvertrages in einem Satz dar!

4. Nennen Sie die Voraussetzungen des Zustandekommens eines Kaufvertrages! In welchen Übungen wurden diese Probleme schon behandelt?

5. Wo sind im vorliegenden Sachverhalt Antrag und Annahme zu finden?
   Prüfe anhand der Voraussetzungen die Vorgänge aus dem Sachverhalt!

6. Welche Folgen ergeben sich für die Parteien aus übereinstimmendem Antrag und Annahme auf Abschluß eines Kaufvertrages?
   Notieren Sie die Folgen mit den Worten des Gesetzes:

7. Beantworten Sie anhand des Gesetzeswortlautes die Frage, ob durch den Abschluß des Kaufvertrages der Käufer bereits Eigentümer des Kaufgegenstandes ist!

8. Lesen Sie zunächst die §§ 241, 305 BGB. Versuchen Sie, gegebenenfalls anhand der Literatur, Begriffe zu finden, durch die der verpflichtende Charakter solcher Geschäfte wie des Kaufvertrages deutlich wird!

9. Was bedeutet rechtlich: Übergabe?

10. Durch welches Geschäft, geregelt in welcher Bestimmung des BGB, kann im oben angeführten Sachverhalt V seiner Verpflichtung nachkommen? Welche Maßnahmen muß er dazu ergreifen?

11. Mit welchem generellen Ausdruck werden solche Geschäfte bezeichnet?

12. Skizzieren Sie die Wirkung der Verfügung und stellen Sie diese der Wirkung eines Verpflichtungsgeschäfts gegenüber.

13. Welche Erfordernisse stellt § 929 S. 1 BGB für den Eigentumsübergang auf?

14. Durch welche Vorgänge des Sachverhalts werden die Voraussetzungen des § 929 BGB erfüllt?
Notieren Sie links die Voraussetzungen des Gesetzes und rechts die konkreten Vorgänge des Sachverhalts!

15. Welche weitere Verpflichtung ergibt sich aus dem Kaufvertrag für K?

II. Der Begriff der Zahlung ist im Gesetz nicht besonders geregelt.

1. Versuchen Sie, am Modell der Barzahlung herauszufinden, was Zahlung rechtlich bedeutet!

2. Ist K seinen Verpflichtungen aus § 433 Abs. 2 BGB nachgekommen?

   Schreiben Sie links die gesetzlichen Voraussetzungen nieder und rechts die entsprechenden tatsächlichen Vorgänge!

III. Nennen Sie unter Berücksichtigung der bisher erworbenen Kenntnisse die 5 grundlegenden Vorgänge, nach denen ein Kauf entsprechend dem Abstraktionsprinzip abgewickelt wird!

IV. Wie könnte V dem K Eigentum an der Stereo-Anlage verschaffen, wenn er ihm diese schenken wollte?

ÜBUNG 6

Einführende Literatur: vgl. Übung 5

I. K kauft am 10. 12. mit schriftlichem Vertrag von V dessen gebrauchten Mercedes für DM 6 000,–. Die Aushändigung des Wagens sowie die Bezahlung sollen vereinbarungsgemäß am 13. 12. erfolgen. Als am 11. 12. Herr X bereit ist, dem V für denselben Wagen DM 6 500,– zu bezahlen, verkauft V den Wagen mündlich an X. X bezahlt am 12. 12. V händigt ihm darauf das Fahrzeug aus. Als K am 13. 12. das Auto bei V bezahlen und abholen will, erfährt er, was geschehen ist. Kann K von X Herausgabe des Wagens verlangen? Gehen Sie bei der Beantwortung dieser Frage zunächst folgendermaßen vor:

1. Warum ergibt sich aus § 433 Abs. 1 S. 1 BGB kein Anspruch des K auf Herausgabe des Wagens?

2. Warum ist § 823 Abs. 1 BGB schon auf den ersten Blick nicht als Anspruchsgrundlage für den Anspruch des K gegen X geeignet?

3. Auf welche Norm des Sachenrechts könnte K seinen Anspruch gegen X stützen (Anspruchsgrundlage)? – Besitzansprüche sind nicht zu prüfen. –

4. Begründen Sie schriftlich mit Angabe der gesetzlichen Vorschriften, ob K Eigentümer geworden ist.

5. Wie ist die im Sachverhalt zu I gestellte Frage im Ergebnis also zu beantworten?

ja nein

II. Wer ist Eigentümer des Wagens geworden und zu welchem Zeitpunkt?

Beantworten Sie die Frage schriftlich mit Angabe der gesetzlichen Vorschriften!

III. Begründen Sie schriftlich, ob sich die Antworten auf die Fragen I und II im Ergebnis ändern, wenn K den Kaufpreis in Höhe von DM 6 000,– vereinbarungsgemäß schon am 10. 12. entrichtet hat und X den Kaufpreis in Höhe von DM 6 500,– vereinbarungsgemäß erst am 13. 12. bezahlt hat.

IV. 1. Welche im Sachverhalt angegebenen Einzelheiten sind für die Beantwortung der im Sachverhalt gestellten Fragen ohne Bedeutung?

2. Versuchen Sie, den Sachverhalt neu zu formulieren, und zwar so kurz, daß nur die für das Verständnis der Vorgänge und die für die Beantwortung der Frage des K erforderlichen Umstände wiedergegeben werden!

ÜBUNG 7

Einführende Literatur:

Brox	Allgemeines Schuldrecht, §§ 21, 22 u. 23
Esser:	Schuldrecht, Band I, § 26 I, II u. VII, § 28, § 34 I u. II
Fikentscher	§ 38 I u. II, § 39 I u. II, § 46 I–III.
Larenz	Schuldrecht, Band I, § 14 I u. II, § 18, I, IV u. V, § 25
Schmelzeisen	§§ 23, 31, 33 II-IV

I. A kauft bei B einen Ballen rotes Fahnentuch. B liefert den Ballen an A ab. Am nächsten Tag verbrennt der Ballen bei A. Kann A von B Lieferung eines neuen Ballens verlangen?

1. Prüfen Sie zunächst unter (1), ob überhaupt ein Lieferungsanspruch entstanden sein könnte!

2. Prüfen Sie sodann, ausgehend von § 362 I BGB in gleicher Weise, ob der entstandene Anspruch rechtlich wieder weggefallen ist! Versuchen Sie dabei, den § 362 BGB in einzelne Tatbestandsvoraussetzungen aufzuspalten und stellen Sie diesen die konkreten Sachverhaltsvorgänge gegenüber!

II. **Fallvariante**

B liefert den Ballen verpackt. Als A die Verpackung öffnet, findet er schwarzes Tuch vor. Kann er in diesem Fall noch Lieferung des roten Tuches verlangen?

Prüfen Sie dies wie unter I und stellen Sie dann fest, welches Tatbestandsmerkmal die unterschiedliche Beurteilung der Fälle begründet!

III. **Fallvariante**

B liefert den Ballen verpackt. Als A die Verpackung öffnet, findet er schwarzes Tuch vor. Da ihm die Lieferung des schwarzen Tuches gelegen kommt, ruft er B an und erklärt diesem, er betrachte den Vertrag damit als erfüllt. B ist einverstanden. Nach zwei Tagen verlangt A aber zusätzlich Lieferung des roten Tuches von B.

1. Hat A noch Anspruch auf Lieferung des roten Fahnentuches?

2. An welche zwingende Voraussetzung knüpft § 364 Abs. 1 BGB die Erfüllungswirkung?

3. Zur Begleichung der Kaufpreisforderung des B gemäß § 443 Abs. 2 BGB schickt A dem B einen von ihm akzeptierten Wechsel über die Kaufpreissumme. Ist damit das Schuldverhältnis zwischen A und B, aus dem A dem B die Kaufsumme schuldet, erloschen?

4. Versuchen Sie, durch aufmerksames Lesen des § 364 BGB herauszufinden, welche Folge der § 364 Abs. 2 BGB gegenüber dem § 364 Abs. 1 BGB für das Schicksal des Schuldverhältnisses bestimmt!

IV. **Variante zu Fall I**

Den Stoff, den nach dem Vertrag B an A zu liefern verpflichtet ist, liefert an seiner Stelle C. Kann A von B noch Lieferung verlangen?

Lesen Sie § 267 BGB und beantworten Sie dann die Frage in einem kurzen Zusatzgutachten!

V. **Fall**

A kauft von B zwei Ballen rotes Fahnentuch. B liefert einen Ballen an A. Beantworten Sie gutachtlich folgende Fragen:

1. Kann A diese Lieferung zurückweisen?

2. Kann A die Lieferung annehmen?

3. Welchen Einfluß haben Zurückweisung oder Annahme auf den Lieferungsanspruch des A?

VI. **Fall**

A kauft von B eine sehr seltene alte Münze. Als B diese termingemäß abliefern will, ist A verzogen. Was kann B tun, um von seiner Lieferpflicht frei zu werden?

Lesen Sie §§ 378, 376, 372, 293, 294 BGB!

1. Welche der genannten Vorschriften bietet dem B die Möglichkeit, sich von seiner Leistungspflicht zu befreien? Nennen Sie die Voraussetzungen dieser Vorschrift!

2. Jede Voraussetzung dieser Vorschrift wird durch weitere Bestimmungen ergänzt oder erläutert. Suchen Sie diese erläuternden Vorschriften und schreiben Sie sie unter entsprechender Gliederung nieder! Stellen Sie den Voraussetzungen die konkreten Sachverhaltsvorgänge gegenüber!

VII. **Fall**

A kauft von B drei Stück Rindvieh. Als B sie bei A abliefern will, ist dieser verzogen. Was kann B tun, um von seiner Lieferpflicht frei zu werden?

Lesen Sie § 383 BGB und beantworten Sie die Frage gutachtlich!

ÜBUNG 8

Einführende Literatur:

Unerlaubte Handlung:	Brox:	Besonderes Schuldrecht, §§ 34, 35 A I - IV, 36 A I
	Esser:	Schuldrecht, Band II, §§ 106, 107 I u. II, 108, 110 I, 112 I - IV, 113 I
	Fikentscher:	§§ 103, 107, 113
	Larenz:	Schuldrecht, Band II, §§ 65 I, 66 I, 67 VI, 69
	Schmelzeisen:	§ 57 I u. II, V 3, IX
Schadensersatz:	Brox:	Allgemeines Schuldrecht, §§ 13, 14, 15, 16 I, 17 I u. II
	Esser:	Schuldrecht, Band I, §§ 40, 41, 42, 43 I, 44, 45
	Fikentscher:	§§ 49, 50, 51, 52, 53, 55 I - III
	Larenz:	Schuldrecht, Band I, §§ 27, 28, 29
	Schmelzeisen:	§§ 26, 27

I. An einem Nachmittag Ende Dezember rutscht der Handelsvertreter Hurtig auf dem spiegelglatt gefrorenen Bürgersteig vor dem Haus des streupflichtigen Reich aus. Der Handelsvertreter Hurtig erleidet einen Beinbruch und wird in ein Krankenhaus eingeliefert. Zur fraglichen Zeit hatte Reich am Fenster seiner Wohnung gesessen und mit Vergnügen den Stürzen der Passanten zugesehen. Hurtig möchte von Reich die Kosten eines vierwöchigen Krankenhausaufenthalts in Höhe von DM 3 000,– und DM 1 000,– Schmerzensgeld ersetzt haben. Außerdem macht er geltend, daß ihm dieser Unfall einen Provisionsausfall in Höhe von DM 2 000,– gebracht habe, die er unzweifelhaft während seiner achtwöchigen Krankheit verdient hätte.

Bemerkung: Die Streupflicht ergibt sich aus einer Polizeiverordnung.

1. Auf welche Ihnen bekannte Norm könnte der Anspruch des Hurtig gestützt werden?

2. Versuchen Sie, die gefundene Anspruchsgrundlage tatbestandsmäßig aufzugliedern und die konkreten Sachverhaltsvorgänge zu subsumieren! Erstellen Sie dann eine gutachtliche Lösung zu der Frage, ob überhaupt ein Schadensersatzanspruch des Hurtig gegen Reich gegeben ist! Überprüfen Sie die gefundene Lösung anhand des in Übung 1 vorgegebenen Gliederungsvorschlags!

3. Läßt sich allein aus § 823 Abs. 1 BGB schon klären, in welcher Art Reich Schadensersatz zu leisten hat bzw. in welcher Vorschrift wird diese Frage geregelt?

4. Lesen Sie die §§ 249 ff. BGB und versuchen Sie, den Begriff des Vermögensschadens (materieller Schaden) zu definieren, wie er diesen Vorschriften zugrundeliegt!

5. Von welcher Form des Schadensersatzes geht das BGB in den §§ 249 ff. BGB aus?

6. Stellen Sie aus den §§ 249 und 251 BGB abstrakt die Fälle zusammen, in denen
   a) der Geschädigte nach seiner Wahl Geldersatz oder Herstellung in Natur verlangen kann;

b) der Schädiger von sich aus anstelle der Naturalherstellung Geldersatz leisten kann.

7. Für welche Art des Schadens sieht das Gesetz ein grundsätzliches Entschädigungsverbot in Geld vor? Nennen Sie gleichzeitig die gesetzlichen Ausnahmen!

8. Untersuchen Sie nunmehr gutachtlich, ob die Schadensersatzforderungen des Handelsvertreters Hurtig gegen Reich der Art nach gerechtfertigt sind!

   Die Höhe der Schäden soll dabei nicht zweifelhaft sein.

II. Der Hauseigentümer Reich hat den Malermeister Klecks mit der Renovierung seiner Wohnung beauftragt. Klecks läßt die Arbeit durch seinen Gesellen Eifrig ausführen. Während der Renovierungsarbeiten stiehlt Eifrig in einem unbeobachteten Augenblick dem Reich aus einem verschlossenen Schrank eine wertvolle Armbanduhr. Reich möchte wissen, ob er auch gegen Malermeister Klecks einen Anspruch auf Schadensersatz geltend machen kann. Gehen Sie bei der Lösung dieser Frage folgendermaßen vor:

Bemerkung: Vertragliche Ansprüche sind hier nicht zu prüfen.

1. Lesen Sie den § 831 Abs. 1 BGB und versuchen Sie, den Kern dieser Vorschrift mit § 823 Abs. 1 BGB zu vergleichen!

2. Lesen Sie § 831 Abs. 1 S. 2 BGB und nennen Sie die Voraussetzungen, bei deren Vorliegen eine Ersatzpflicht nicht eintritt! Lassen Sie dabei diejenigen Formulierungen des Gesetzes, die die Leitung der Verrichtung und die Beschaffung von Gerätschaften usw. betreffen, beiseite!

3. Wie nennt man diese Möglichkeit des Geschäftsherrn, sich von der Haftung aus § 831 BGB zu befreien?

4. Das Gesetz formuliert die Entlastung als Ausnahmeregel. Das Vorliegen der Voraussetzungen dieser Regel hat derjenige zu beweisen, der sich auf sie beruft. Versuchen Sie, dem Gesetz zu entnehmen, wer den Beweis für die Entlastung zu erbringen hat.

5. § 831 Abs. 1 BGB läßt sich tatbestandsmäßig in folgender Form aufgliedern:
   a) Identität zwischen Geschäftsherrn und Haftendem
   b) Verrichtungsgehilfeneigenschaft des Schädigers
   c) Verwirklichung des objektiven Tatbestands einer (irgendeiner) unerlaubten Handlung durch den Verrichtungsgehilfen
   d) Handeln in Ausübung der Verrichtung (nicht nur bei Gelegenheit)
   e) Exculpation
6. Versuchen Sie, die genannten Tatbestandsvoraussetzungen durch Beantwortung folgender Fragen zu interpretieren:

   Zu 5a) Gegen wen ist ein auf § 831 BGB gestützter Anspruch zu richten?

Zu 5b) Anhand welcher Kriterien kann beurteilt werden, ob jemand Verrichtungsgehilfe ist?

Zu 5c) aa) In welcher Formulierung des § 831 BGB finden Sie die Grundlage für das Tatbestandsmerkmal "Verwirklichung des objektiven Tatbestands einer unerlaubten Handlung"?

bb) Nennen Sie die objektiven Tatbestandsmerkmale der Norm aus dem Bereich des Rechts der unerlaubten Handlung, die Sie bereits kennengelernt haben!

Zu 5d) Worauf ist bei der Beurteilung der Frage abzustellen, ob der Verrichtungsgehilfe in Ausübung der Verrichtung oder nur gelegentlich der Verrichtung gehandelt hat?

Zu 5e) An den Entlastungsbeweis werden von der Rechtsprechung strenge Anforderungen gestellt. Zu welchem Zeitpunkt muß unter diesem Aspekt die Auswahl des Verrichtungsgehilfen unter Anwendung der im Verkehr erforderlichen Sorgfalt erfolgen?

7. Kommt es für einen Schadensersatzanspruch, der auf § 831 BGB gestützt wird, darauf an, ob der Verrichtungsgehilfe schuldhaft handelt?

III. Untersuchen Sie jetzt gutachtlich den Ausgangsfall II!

Stellen Sie bei der Prüfung des Tatbestandsmerkmals "Verwirklichung des objektiven Tatbestands einer unerlaubten Handlung" nur auf die Voraussetzungen des § 823 Abs. 1 BGB ab!

ÜBUNG 9

Einführende Literatur:

Brox:	Allgemeines Schuldrecht § 19
Esser:	Schuldrecht Band I, §§ 49, 51
Fikentscher:	§ 45 I - III
Larenz:	Schuldrecht, Band I, §§ 23 I u. II, 26 a u. b
Schmelzeisen:	§ 30 I u. II, § 32

I. V verkauft am 1. 10. dem Handelsvertreter K seinen gebrauchten Volkswagen. Beide vereinbaren, daß V den Wagen bei K abliefern solle. Als V das Auto am 31. Oktober noch nicht gebracht hat, ruft K den V an und erklärt diesem, wenn er nicht bald liefere, werde er sich das Geschäft nochmals überlegen. V reagiert auf diesen Anruf auch bis zum 10. November nicht. Daraufhin fordert K den V in einem Brief auf, den Wagen innerhalb von 5 Tagen zu liefern, andernfalls werde er das Auto nicht mehr abnehmen. Am 11. November erfährt K, daß V mit dem Wagen seit Anfang November auf Urlaubsreise ist. K, der auf die Pünktlichkeit des V vertraute, hat seinen alten Wagen bis zum 31. Oktober verkauft und ist seither auf die Bundesbahn angewiesen. Dadurch kann er nicht alle seine Kunden besuchen – ihm entgehen DM 1000,– Provision.

K möchte wissen, welche Ansprüche ihm gegen V zustehen.

1. Versuchen Sie, einen Begriff zu finden, der das Verhalten des V charakterisiert.

2. Versuchen Sie, ohne das Gesetz zu benutzen, herauszufinden, woran K noch Interesse haben könnte, wenn er

   a) den Volkswagen noch immer haben möchte,

   b) kein Interesse mehr an der Lieferung hat.

3. Suchen Sie jetzt im Gesetz nach Normen, auf die sich die gefundenen Ansprüche stützen könnten. Der Verzug ist in den §§ 284 ff BGB geregelt, beachten Sie aber, daß im Bereich der Leistungsstörungen für eine bestimmte Art von Schuldverhältnissen gesonderte Regelungen bestehen (§§ 320 - 327 BGB). Suchen Sie auch aus diesem Bereich die einschlägige Norm. Schreiben Sie die gefundenen Normen nieder und nennen Sie die Ansprüche, die darauf gestützt werden können.

4. Arbeiten Sie die §§ 287 - 292 BGB durch und beachten Sie besonders die §§ 287 - 289 BGB!
5. Beginnen Sie mit der Prüfung des § 286 Abs. 1 BGB! Lesen Sie die Bestimmung aufmerksam und nennen Sie die Voraussetzungen, die erfüllt sein müssen, damit die Rechtsfolge eintreten kann!

6. Für welche Voraussetzung des § 286 Abs. 1 BGB ist eine ausführliche Regelung im Gesetz vorhanden und wo?

7. a) Welche Voraussetzungen müssen in Anwendung dieser Paragraphen erfüllt sein, um einen Schuldner in Verzug zu setzen?

   Nennen Sie diese Voraussetzungen!

b) Die hier vorliegende Leistungsstörung bedarf einer Abgrenzung gegenüber der Unmöglichkeit, §§ 275 ff BGB (Das Erbringen der geschuldeten Leistung ist aus tatsächlichen oder rechtlichen Gründen, z.B. Zerstörung oder Verkaufsverbot, nicht möglich.). Versuchen Sie, in einem Satz den Unterschied zwischen Unmöglichkeit und Verzug zu nennen!

8. Prüfen Sie jetzt anhand des Sachverhalts das Vorliegen der unter 7 genannten Voraussetzungen und nennen Sie das Ergebnis! Notieren Sie dabei links die gesetzlichen Voraussetzungen und rechts die entsprechenden Sachverhaltsvorgänge!

9. Zu den Fragen 5-8 haben Sie das Vorliegen der Voraussetzungen des § 286 BGB geprüft. Fassen Sie das Ergebnis kurz zusammen und nennen Sie die Rechtsfolge!

10. a) Sie haben bisher die §§ 286 Abs. 1, 823 Abs. 1 und § 831 BGB kennengelernt. Was ist diesen Bestimmungen gemeinsam?

b) Welche Art von Verknüpfung zwischen Handlung und Schaden muß danach – ebenso wie in §§ 823, 831 BGB – in § 286 Abs. 1 BGB vorhanden sein?

c) Welche Bestimmungen des BGB sind für Art und Umfang vertraglicher Schadensersatzverpflichtungen maßgeblich?

d) Welche Schritte sind also zur Ermittlung des Umfangs des zu ersetzenden Schadens notwendig?

11. Prüfen Sie nunmehr, an das Ergebnis I 9 anknüpfend, ob K von V Ersatz der DM 1 000,– entgangener Provision verlangen kann!

12. Kann K, wenn er den Verzugsschaden aus § 286 Abs. 1 BGB geltend macht, auch noch die Lieferung des Wagens verlangen?

II. Welche Möglichkeiten stehen dem K offen, wenn er den Wagen nicht mehr abnehmen will?

Lesen Sie dazu § 286 Abs. 2 BGB und 326 BGB!

1. Versuchen Sie durch aufmerksames Lesen herauszufinden, welcher grundlegende Unterschied hinsichtlich der Anwendbarkeit zwischen §§ 286 Abs. 2 und 326 BGB besteht! Denken Sie dabei an die verschiedenen Arten der Schuldverhältnisse! In § 326 BGB weist ein Ausdruck auf eine beschränkte Anwendbarkeit hin. Schreiben Sie diesen Ausdruck nieder und nennen Sie einige bekannte Schuldverhältnisse, für die dieser Ausdruck zutrifft!

2. Welche der beiden Normen ist hier anzuwenden und warum?

3. Lesen Sie § 326 BGB und schreiben Sie wieder Voraussetzungen und Rechtsfolge nieder!

4. Welche dieser Voraussetzungen wurden noch nicht geprüft? (Beachten Sie, daß bei einer gutachtlichen Lösung ein kurzer Hinweis auf bereits geprüfte Voraussetzungen ausreicht!)

5. Wodurch wird in einem gegenseitigen Vertrag die Hauptleistungspflicht bestimmt? Nennen Sie die Hauptleistungspflichten in einem Kaufvertrag!

6. Lesen Sie besonders aufmerksam den Gesetzeswortlaut hinsichtlich der Fristsetzung und der notwendigen Erklärung! Welche der nachstehenden Formulierungen entsprechen den Anforderungen des Gesetzes, unterstreichen Sie diese Formulierungen!

   Wenn Sie in 8 Tagen nicht liefern,

   a) können Sie den Wagen behalten.
   b) werde ich die Sache meinem Rechtsanwalt übergeben.
   c) werde ich die nötigen Maßnahmen ergreifen.
   d) bin ich an der Leistung nicht mehr interessiert.
   e) werde ich den Vertrag aufkündigen.

7. Welcher Inhalt ist für eine Ablehnungsandrohung zwingend vorgeschrieben?

8. Hat die Ablehnungsandrohung einen Einfluß auf den ursprünglichen Erfüllungsanspruch?

9. Entspricht der Sachverhalt zu I den Voraussetzungen des § 326 Abs. 1 BGB?

10. Welche Rechtsfolge ergibt sich aus dem Vorliegen der Voraussetzungen des § 326 Abs. 1 BGB? Welche Rechte stehen K zu?

11. Versuchen Sie zu erklären, was Schadensersatz wegen Nichterfüllung bedeutet!

12. Die Abwicklung einer Schadensersatzforderung wegen Nichterfüllung kann in zwei Formen geschehen:
    a) nach der Austauschtheorie

    b) nach der Differenztheorie

c) Versuchen Sie, beide Theorien kurz zu erläutern! Welcher Theorie neigt die heute h.M. zu?

13. Nach welchen Vorschriften wird der Rücktritt abgewickelt?

14. Was kann V nicht verlangen, wenn er die Rechte aus § 326 BGB geltend macht?

III. Die Maschinenfabrik des M stellt im Auftrag eines Kunden eine Spezialpresse her, die zum 1. Juli von M betriebsbereit aufgestellt sein muß.

M, der das Antriebsaggregat zu dieser Maschine in seinem Betrieb nicht selbst erstellen kann, hat dieses bei dem Motorengroßhändler G bestellt. Zwischen G und M war Lieferung des Motors zum 20. Juni vereinbart. Am 25. Juni ist der Motor noch immer nicht geliefert. Als M den G am gleichen Tage anruft, stellt sich heraus, daß G das Aggregat vor dem 15. Juli nicht mehr beschaffen kann. M ist daher gezwungen, bei einem anderen Händler zu kaufen. Dieses Unternehmen liefert noch rechtzeitig, stellt aber einen um DM 1000,– höheren Preis in Rechnung.

M hat an der Erfüllung des Vertrages durch G kein Interesse mehr, möchte aber die DM 1000,– Mehrpreis durch E ersetzt haben. Ist dieser Anspruch gerechtfertigt?

ÜBUNG 10

Einführende Literatur:

Brox:	Allgemeines Schuldrecht, § 18
Esser:	Schuldrecht, Band I, § 33
Fikentscher:	§§ 41, 42, 43, 44
Larenz:	Schuldrecht, Band I, §§ 8, 21 I, 22, 25 III
Schmelzeisen:	§ 29

I. R verkauft auf einem Reitturnier in Frankfurt ein bekanntes Turnierpferd aus seinem bayerischen Gestüt für DM 25 000,– an K. Im Augenblick des Kaufabschlusses weiß er zwar, daß das Pferd erkrankt, nicht aber, daß es am Vorabend bereits verendet war.

K hat sich inzwischen einen Stall gemietet, der bis zur Anschaffung eines Ersatzpferdes wochenlang leer stehen muß. Er kann ein gleichwertiges Ersatzpferd nicht billiger als für DM 27 000,– beschaffen.

1. Ist R berechtigt, von K den Kaufpreis zu verlangen, wenn er ihm ein gleichwertiges Ersatzpferd liefert? Gehen Sie bei dieser Prüfung folgendermaßen vor:

   a) Auf welche Vorschrift könnte der Zahlungsanspruch des R gestützt werden?

   b) Was ist Grundvoraussetzung für den Kaufpreisanspruch?

   c) Aus einer gesetzlichen Vorschrift könnten hier Bedenken gegen die Gültigkeit des Kaufvertrages hergeleitet werden. Nennen Sie diese Vorschrift und skizzieren Sie ganz kurz ihre Voraussetzungen und ihre Wirkungen.

   d) Prüfen Sie, ob ein schuldrechtlicher Vertrag vorliegt.

e) Versuchen Sie darzulegen, durch welche Gedankengänge man ermittelt, ob eine Leistung objektiv unmöglich ist.

f) Prüfen Sie nunmehr, ob im Fall zu I. Unmöglichkeit der Leistung gegeben ist.

g) Beantworten Sie nunmehr in einem kurzen Gutachten die eingangs zu I. 1. gestellte Frage.

2. Kann K die Miete für den Stall für den Zeitraum, in dem dieser leer steht, von R ersetzt verlangen? Versuchen Sie, links die Voraussetzungen zu umreißen, an die § 307 BGB die Ersatzpflicht anknüpft. Subsumieren Sie rechts die konkreten Einzelheiten des Sachverhalts.

3. Kann K Ersatz der Mehrkosten für den Kauf des Ersatzpferdes verlangen? Beantworten Sie die Frage, indem Sie untersuchen, in welchem Punkt sich diese Frage von der unter I. 2. unterscheidet.

II. **Fallvariante zu I**

Das Pferd ist nicht vorher schon erkrankt, sondern verendet nach Vertragsabschluß, ohne daß jemand dies vorhersehen oder verhindern konnte. Die Parteien wollen wissen, ob R irgendeine Leistung anstelle des Pferdes schuldet und ob K den Kaufpreis bezahlen muß.

1. **Theoretische Vorfrage**

   In §§ 276, 278 BGB ist von Vorsatz und Fahrlässigkeit die Rede. Was ist darunter zu verstehen?

2. Nennen Sie die Vorschrift, aus der sich ergeben könnte, ob R dem K noch eine Leistung schuldet. Stellen Sie dann links die Voraussetzungen dieser Vorschrift zusammen und subsumieren Sie rechts.

3. Muß K den Kaufpreis bezahlen?

a) Nennen Sie die Vorschrift, die im vorliegenden Fall für diese Frage maßgeblich ist und geben Sie an, warum die Folgenanordnung dieser Vorschrift eine Antwort auf unsere Frage begründen kann.

b) Notieren Sie links die Voraussetzungen dieser Vorschrift und subsumieren Sie rechts. Beantworten Sie dann die eingangs zu 2. gestellte Frage.

4. Erklären Sie kurz, welche Frage im Falle der nachträglichen Unmöglichkeit der Leistung von § 275 BGB und welche von § 323 Abs. 1 BGB geregelt wird.

5. Gibt es Fälle,

a) in denen § 323 Abs. 1 BGB zutrifft, nicht aber § 275 BGB?

b) in denen § 275 BGB zutrifft, nicht aber § 323 BGB?

6. Lesen Sie den Lösungsvorschlag zu 5b) und versuchen Sie zu erklären, warum in den dort aufgeführten Situationen § 323 BGB nicht benötigt wird.

III. R verkauft für DM 25 000,– ein bestimmtes Reitpferd aus seinem Gestüt an K, der es laut Vereinbarung einen Monat später übernehmen soll. Eine Woche nach Kaufabschluß verendet das Tier, weil es von dem bei R angestellten Bereiter E beim täglichen Ausritt sehr stark überanstrengt worden ist. K muß sich ein gleichwertiges Ersatzpferd kaufen, für das er DM 27 000,– aufwenden muß. Er möchte nun wissen, welche Rechte ihm gegen R zustehen.

1. Lesen Sie §§ 280, 325 BGB. Welche von beiden Bestimmungen kann hier angewendet werden und warum nur eine von beiden?

2. Notieren Sie die einzelnen Voraussetzungen des § 325 Abs. 1 BGB.

3. Stellen Sie zusammen, welche „Umstände" der Schuldner nach §§ 276–279 BGB zu vertreten hat.

   a) Für den Fall der Stückschuld

b) Für den Fall der Gattungsschuld

4. Versuchen Sie, abstrakt darzustellen, unter welchen Voraussetzungen § 278 BGB das Handeln eines Gehilfen dem des Schuldners gleichstellt.

5. Prüfen Sie nunmehr in Anlehnung an die Ergebnisse der Untersuchung zu II. 2b) gutachtlich, ob die Voraussetzungen des § 325 Abs. 1 BGB vorliegen.

6. Welche Rechte hat K nach § 325 BGB?

7. Welches der Rechte aus § 325 BGB ist für K im vorliegenden Fall besonders günstig?

ÜBUNG 11

Einführende Literatur:

Brox:	Allgemeines Schuldrecht, § 18
Esser:	Schuldrecht, Band I, § 33
Fikentscher:	§§ 41, 42, 43, 44
Larenz:	Schuldrecht, Band I, §§ 8, 21 I, 22, 25 III
Schmelzeisen:	§ 29

I. Fall

Fotogroßhändler V verpflichtet sich vertraglich, an den Fotoeinzelhändler K einen Posten Filme des Fabrikats XY zu liefern. Als er zwei Tage darauf beim Hersteller die Filme bestellt, erfährt er, daß die Produktion dieser Filme vom Hersteller überraschend am Tage nach dem Abschluß des Vertrages zwischen K und V eingestellt worden ist. Es stellt sich heraus, daß auch im Handel keine Restposten mehr vorhanden sind. K verlangt Ersatz des Schadens, den er dadurch erleidet, daß er seine Kunden nun mit anderen Filmen, die ihm geringere Verdienstspannen gewähren, beliefern muß.

1. Auf welche Anspruchsgrundlage könnte K seinen Anspruch stützen?

2. Liegt im vorliegenden Fall Unmöglichkeit vor?

3. Woran scheitert der Anspruch des K?

II. Fallvariante

V kann wegen der Produktionseinstellung nicht liefern. Zwar gibt es noch andere Großhändler, die über größere Vorräte von Filmen der Gattung XY verfügen, diese sind aber unter keinen Umständen bereit, an ihren Konkurrenten V zu liefern.

1. Wodurch unterscheidet sich dieser Fall von Fall I in rechtlicher Hinsicht?

2. Prüfen Sie gutachtlich, ob dem K ein Anspruch auf Ersatz seines entgangenen Gewinns zusteht.

III. Beantworten Sie folgende theoretische Fragen:

1. Wo finden Sie im Gesetz den Begriff der Gattungsschuld geregelt?

2. Nach welcher Vorschrift kann sich eine Gattungsschuld in eine Stückschuld verwandeln?

3. Wodurch unterscheidet sich die Konkretisierung nach § 243 Abs. 2 BGB von der Erfüllung nach § 362 Abs. 1 BGB?

   Demonstrieren Sie den Unterschied am Beispiel der Lieferungspflicht beim Gattungskauf, und zwar durch Vergleich der Voraussetzungen und der Wirkungen.

4. Versuchen Sie, die Unterschiede zwischen Holschuld, Bringschuld und Schickschuld zu erklären.

5. Unterscheidet sich der kaufrechtlich geschuldete Erfolg bei der Holschuld, Bringschuld und Schickschuld?

6. Wann hat der Schuldner danach in den Fällen zu 4. das zur Konkretisierung Erforderliche (§ 243 Abs. 2 BGB) getan?

7. **Testfall**

V soll laut Vertrag an K 10 Automobile eines bestimmten Typs zur Selbstabholung liefern. Er stellt 10 Stück für K bereit. Schuldet er diese speziellen 10 Fahrzeuge oder kann er rechtmäßig dem K auch 10 andere liefern?

IV. Informieren Sie sich in einem Lehrbuch des Schuldrechts über die Begriffe Leistungsgefahr und Preisgefahr und ihre Bedeutung. Benutzen Sie notfalls das Register zum Auffinden der betreffenden Stellen. Lösen Sie dann gutachtlich, ohne nochmals in das Lehrbuch zu sehen, folgenden Fall:

Gastwirt Gaul in Nürnberg erhält vom Winzer Wolf in Neustadt eine Weinpreisliste, in der zahlreiche Weine mit Preisangaben aufgeführt sind. Auch hier ist vermerkt: „Erfüllungsort für alle Verpflichtungen aus meinen Lieferverträgen ist Neustadt." Gaul bestellt 200 Flaschen einer bestimmten Sorte mit der Bitte, sie ihm zuzusenden. Wolf sagt das schriftlich zu.

Die Flaschen werden in handelsüblicher Verpackung mit der Aufschrift „Vorsicht Glas!" von Wolf zur Bahn gebracht. Der Waggon, in dem sie befördert werden, erhält durch Unachtsamkeit des Lokomotivführers L einen sehr harten Rangierstoß. 50 Flaschen zerbrechen. Wolf hat den betreffenden Wein noch vorrätig

A. Muß Wolf die 50 Flaschen nachliefern?

B. Muß Gaul, wenn Wolf nicht nachliefert, dennoch den Kaufpreis voll bezahlen?

ÜBUNG 12

Einführende Literatur:

Brox:	Allgemeines Schuldrecht, §§ 4 VI, 20
Esser:	Schuldrecht, Band I, § 52
Fikentscher:	§§ 20, 47
Larenz:	Schuldrecht, Band I, §§ 9 I, 24 I
Schmelzeisen:	§§ 12 V, 30 IV

I. Der Landwirt Hintermoser ersteht am 5. 5. von dem Gutsbesitzer Wichtig den Zuchtbullen Sepp und bringt diesen am 10. 5. in seinen Stall. Nach einigen Tagen stellt sich heraus, daß der Bulle an Maul- und Klauenseuche erkrankt war. Wichtig hatte es nicht für nötig erachtet, seinen Viehbestand vor dem Verkauf auf Symptome der Seuche zu untersuchen, obwohl in der Presse davor gewarnt worden war und an einzelnen Tieren die Symptome deutlich zu erkennen gewesen wären. Das gesamte Vieh des Hintermoser wurde infiziert und mußte beseitigt werden.

1. Prüfen Sie, ob hier Schuldnerverzug oder Unmöglichkeit vorliegen, wenn nein, begründen Sie, warum nicht!

   Bemerkung: Sachmängelgewährleistung bezüglich des Bullen scheitert an §§ 481, 482 BGB i.V. mit Kaiserl. VO v. 27. 3. 1899.

2. Gibt es im Bereich der gesetzlich geregelten Leistungsstörungen andere Vorschriften, auf die Hintermoser einen Schadensersatzanspruch stützen könnte?

3. Lesen Sie die §§ 280, 286, 325, 326 BGB und versuchen Sie, eine generelle Aussage dieser Normen zu finden!

4. Eine gesetzliche Regelung dieser Leistungsstörung ist im Gesetz nicht vorhanden, es wurde daher das Rechtsinstitut der „positiven Forderungsverletzung pFV (auch positive Vertragsverletzung pVV genannt)" entwickelt. Die tatbestandsmäßigen Voraussetzungen der pFV lassen sich wie folgt aufgliedern:

   a) Forderung (ggf. aus Vertrag)

b) Eine gesetzlich geregelte Leistungsstörung darf nicht gegeben sein (Subsidiarität).

c) Eine objektive Leistungsstörung, z.B. Schädigung des Gläubigers durch

aa) Schlechterfüllung der Hauptpflicht

bb) Nichterfüllung einer sich aus dem Schuldverhältnis ergebenden Nebenverpflichtung

d) Vertretenmüssen

aa) § 276 BGB *Handlung* des Schuldners, vorsätzlich oder fahrlässig

oder

bb) § 278 BGB *Handlung* des Erfüllungsgehilfen in Erfüllung der Verbindlichkeit, vorsätzlich oder fahrlässig (vgl. auch Übung 10 und 11)

e) Kausalität zwischen der Handlung als Ursache und der Leistungsstörung als Erfolg.

f) Adäquanz der Kausalität

5. Versuchen Sie, die oben genannten Tatbestandsvoraussetzungen durch Beantwortung folgender Fragen zu begründen:

Zu 4a) Warum ist das Bestehen einer Forderung Voraussetzung der pFV?

Zu 4b) Warum darf ein Anspruch aus pFV nur subsidiär geltend gemacht werden?

Zu 4c) In welcher Form kann eine objektive Leistungsstörung bei der Abwicklung eines Schuldverhältnisses eintreten? Geben Sie gleichzeitig ein kleines Beispiel für die angeführten Leistungsstörungen!

Zu 4d-f) Wo können Sie im Gesetz oder der Gesetzessystematik einen Anhaltspunkt dafür finden, daß im vorgegebenen Aufbauschema Handlung, Kausalität und Adäquanz zu prüfen sind?

6. Versuchen Sie, die Rechtsfolgen der pVV aus den entsprechend anzuwendenden Normen abzuleiten:

7. Prüfen Sie im Eingangsfall durch Gegenüberstellen der abstrakten Anspruchsvoraussetzungen (links) und der Tatsachen des Sachverhalts (rechts), ob die Voraussetzungen einer positiven Forderungsverletzung gegeben sind!

8. Prüfen Sie nunmehr, welche Rechte sich für H als Rechtsfolgen der pVV ergeben! Vergleichen Sie die verschiedenen denkbaren Folgen und begründen Sie, welche für H am günstigsten sein wird!

II. **Fallvariante**

Das Nichtbemerken des Ausbruchs der Seuche ist nicht auf das Verschulden des Wichtig, sondern auf die Nachlässigkeit seines Verwalters Eifrig zurückzuführen, der trotz eines Auftrags des Wichtig, die Kontrolle vorzunehmen, es unterließ, die Tiere auf Seuchensymptome zu untersuchen.

1. An welchen Punkten ändert sich bei der oben unter 7 vorgenommenen Prüfung etwas?

2. Prüfen Sie in einem vollständigen Gutachten, ob H von W, gestützt auf positive Forderungsverletzung, Ersatzansprüche geltend machen kann!

III. Hätte H gegen W auch einen Anspruch aus unerlaubter Handlung im Fall II?

1. Suchen Sie hierfür eine einschlägige Norm!

2. Versuchen Sie, im Kopf diesen Anspruch zu prüfen; nennen Sie, ohne auf die Exculpationsfrage einzugehen, nur das Ergebnis der Subsumtion!

3. Wie ist die Exculpationsfrage zu beantworten, wenn H nachweist, daß der Arbeiter bei seiner Einstellung vor 15 Jahren gute Zeugnisse gehabt habe und damals genauestens in seinen Aufgabenbereich eingeführt worden sei?

4. Hat H auch gegen E eventuell einen Anspruch aus unerlaubter Handlung? Der Anspruch braucht hier nicht im einzelnen geprüft zu werden.

IV. Welches sind die grundlegenden Unterschiede von § 278 und § 831 BGB?

V. Als H den W im Laufe der Verhandlungen über den Ankauf des Bullen am 1. 5. besuchte, beauftragte W seinen Gehilfen G, dem H den Bullen zu zeigen. Auf dem Weg in den Stall trat G aus grober Unachtsamkeit auf eine Schaufel; durch den hochschnellenden Schaufelstiel wurde H im Gesicht verletzt. Kann H von W den Ersatz der Arztkosten verlangen?

1. Hat H einen Anspruch aus Vertrag bzw. aus pVV?

2. Hat H Ansprüche aus unerlaubter Handlung? Prüfen Sie diese Ansprüche stichwortartig und nennen Sie nur das Ergebnis!

   Die gutachtliche Lösung dieser Ansprüche empfiehlt sich zur Übung.

3. Halten Sie den Schutz, den das Recht der unerlaubten Handlung gewährt, für ausreichend auch in solchen Fällen, in denen ein Schaden im vorvertraglichen Raum, während Vorverhandlungen oder bei der Vertragsanbahnung entsteht?

4. Lesen Sie die §§ 122, 179 II, 307 BGB und versuchen Sie, hieraus einen allgemeinen Grundsatz abzuleiten!

5. Nennen Sie Beispiele für die Anwendung der culpa in contrahendo (c.i.c.)!

6. Welche Rechtsfolgen ergeben sich aus der analogen Anwendung der §§ 122, 179 II, 307 BGB, aus denen ein Anspruch aus c.i.c. abgeleitet wird?

7. Beantworten Sie unabhängig von der c.i.c. ganz allgemein folgende Frage:

   Wie muß der Geschädigte gestellt werden, wenn er

   a) Ersatz des Vertrauensinteresses

   b) Ersatz des Erfüllungsinteresses

   verlangen kann?

8. Versuchen Sie, die Tatbestandsmerkmale aufzuzählen, die bei einem Anspruch aus c.i.c. erfüllt sein müssen! Stellen Sie diese Tatbestandsmerkmale in Anlehnung an das zur pFV gegebene Aufbauschema links zusammen und subsumieren Sie rechts die betreffenden Tatsachen des Sachverhalts! Beantworten Sie aus dem Ergebnis der Subsumtion die Frage des Sachverhalts unter V.!

9. Kann H von W aus c.i.c. Schmerzensgeld verlangen?

10. Vergleichen Sie pVV und c.i.c.!

ÜBUNG 13

Einführende Literatur:

Brox:	Besonderes Schuldrecht, § 5 I - VII
Esser:	Schuldrecht, Band II, § 64
Fikentscher:	§ 70
Larenz:	Schuldrecht, Pand II, § 37
Schmelzeisen:	§ 38 V u. VI

I. 1. K kauft nach Katalog eine mangelhafte Bodenfräse. Welche Rechte stehen ihm evtl. nach §§ 462, 463 und 480 BGB zu?

2. Versuchen Sie, aus §§ 462, 467 BGB herauszulesen, was Wandelung bedeutet!

3. a) Versuchen Sie darzustellen, was Minderung ist!

b) Wie ist die Minderung im folgenden Fall zu berechnen? K kauft von V eine gebrauchte Schreibmaschine, die ohne Fehler einen Marktwert von DM 100,– hätte, für DM 200,–. Es stellt sich heraus, daß sie einen Mangel hat, der ihren Marktwert auf DM 50,– herabsetzt. Wieviel von seinen gezahlten DM 200,– kann K per Minderung zurückverlangen? Errechnen Sie den Betrag!

4. Bei welcher Art von Kauf hat der Käufer Anspruch auf Neulieferung, wenn die gelieferte Sache mangelhaft ist?

5. Stellen Sie abstrakt die Voraussetzungen zusammen, die erfüllt sein müssen, damit ein Käufer Wandelung oder Minderung gemäß § 462 BGB verlangen kann!

6. Versuchen Sie, die unterschiedlichen Fehlerbegriffe des § 459 Abs. 1 BGB mit eigenen Worten zu erläutern!

7. § 459 Abs. 2 BGB spricht von Eigenschaften einer Sache. Geben Sie eine Erläuterung des Begriffs und nennen Sie einige Beispiele!

8. Worin unterscheidet sich das „nach dem Vertrag voraussetzen" eines bestimmten Gebrauchs in § 459 Abs. 1 BGB von der Zusicherung in § 459 Abs. 2 BGB?

9. Warum ist die Frage 8 von praktischer Bedeutung?

10. Ist der Zeitpunkt des Gefahrübergangs gesetzlich geregelt?

11. Unter welchen besonderen Voraussetzungen (die Voraussetzungen des § 462 BGB müssen selbstverständlich auch vorliegen) kann der Käufer nach § 463 BGB (im Falle des Stückkaufs) und § 480 Abs. 2 BGB (im Falle des Gattungskaufs) Schadensersatz verlangen? Schreiben Sie die Antwort nieder:

12. Sehen Sie einen Unterschied zwischen der Schadensersatzregelung bei Stückkauf und Gattungskauf?

13. Versuchen Sie, unter Angabe der Paragraphen schriftlich zusammenzufassen, welche Rechte der Käufer einer mangelhaften Sache haben kann.

    a) Beim Stückkauf

    b) Beim Gattungskauf

III. Bei Bauer K spricht der Landhändler V vor und bietet ihm landwirtschaftliche Maschinen nach Katalog an. K bemerkt, bei ihm sei der Boden extrem schwer; er kauft dann nach Beratung durch V eine typmäßig bestimmte Bodenfräse. Als sie geliefert wird, zeigt sich bei der Benutzung, daß sie nur für schwere, aber nicht für extrem schwere Böden geeignet ist. K hatte im Vertrauen auf die Lieferung in der Zwischenzeit gebrauchte Zusatzgeräte von dritter Seite gekauft, die er nun nicht wieder los wird.

1. Prüfen Sie gutachtlich, ob dem K Ansprüche aus der Sachmängelgewährleistung zustehen könnten. Prüfen Sie alle in Betracht kommenden Ansprüche.

2. Kann K eventuell andere Ansprüche geltend machen?

3. Wie ist das Verhältnis von Ansprüchen aus Sachmängelgewährleistung zu solchen aus c.i.c. oder pFV?

IV. Herr K benötigt zum Roden seines mit dicken Eichen bestandenen Waldstücks eine Kettensäge. Er erkundigt sich bei dem Maschinenhändler V, ob dieser ihm ein Fabrikat empfehlen könne. V empfiehlt ein besonders preiswertes Modell. Da K Bedenken äußert, ob die Säge seinem Eichenwald gewachsen sei, sagt V, er garantiere, daß dieser Typ von Säge auch dicke Eichen bewältigen werde. K kauft eine solche Säge. Beim Fällen einer dicken Eiche reißt die Kette wegen eines Fertigungsfehlers, K wird schwer verletzt.

1. Prüfen Sie, welche Ansprüche K zustehen und denken Sie dabei auch an die allgemeinen Regeln über Leistungsstörungen!

V. **Variante**

Das Unglück ereignet sich nicht wegen eines Fabrikationsfehlers, sondern weil die Maschine ihrer Konstruktion nach nicht für derart schwere Arbeit geeignet ist.

Welche Ansprüche hat K?

ÜBUNG 14

Einführende Literatur:

Geschäftsfähigkeit	Lange:	§§ 22, 44
	Lehmann-Hübner:	§ 28
	Schmelzeisen:	§ 6 III
Deliktsfähigkeit	Brox:	Allgemeines Schuldrecht, § 16 I 1
	Esser:	Schuldrecht, Band I, § 9 IV
	Fikentscher:	§ 53 II 1
	Larenz:	Schuldrecht, Band I, § 20 VI
	Schmelzeisen:	§ 6 IV

I. Frau M schickt ihre 6 1/2jährige Tochter T aus, der Nachbarin DM 20,– geliehenes Geld zurückzubringen. T geht zum Bäcker B und kauft sich von dem Geld einen riesigen Osterhasen. Mutter M meint, der Kauf sei ungültig, auch gehöre der Hase nach wie vor dem Bäcker.

1. War die T geschäftsfähig?

2. Versuchen Sie, sich ohne Zurückblättern ins Gedächtnis zurückzurufen, welche Voraussetzungen für den Abschluß eines Kaufvertrages gegeben sein müssen. Geben Sie an, welche der Voraussetzungen hier fehlt.

3. Prüfen Sie nunmehr gutachtlich, ob T Eigentümerin des Hasen geworden ist.

II. Frau M möchte wissen, ob sie den Hasen zurückgeben muß bzw. ob sie ihr Geld zurückverlangen kann. Zur Vereinfachung soll angenommen werden, daß sich der Zwanzigmarkschein, mit dem T gezahlt hat, noch in der Kasse des B identifizieren läßt.

1. Welche Rückgabeansprüche könnten hier in Betracht kommen?

   a) Hinsichtlich des Hasen?

   b) Hinsichtlich des Geldes?

2. Erklären Sie kurz, warum die Ansprüche aus Eigentum in beiden Richtungen durchgreifen.

Zwischenbemerkung: Die folgenden Ziffern 3 und 4 beschäftigen sich mit der Leistungskondiktion des § 812 Abs. 1 S. 1 BGB, und zwar in stark vereinfachter Form. Das gesamte Recht der ungerechtfertigten Bereicherung bedarf späterer Präzisierung und Vertiefung.

3. Versuchen Sie, die folgenden Voraussetzungen der „Leistungskondiktion" (§ 812 Abs. 1 S. 1 BGB) aus dem Gesetz zu begründen und kurz inhaltlich zu erklären.

   a) Bereicherung (Vermögensvorteil):

b) Entreicherung (Vermögensnachteil):

c) Unmittelbarkeit der Vermögensverschiebung:

d) Durch „Leistung":

e) Rechtsgrundlosigkeit:

4. Aus welchen Bestimmungen und wie können Sie folgende Sätze, die den Inhalt des Bereicherungsanspruchs betreffen, begründen?

   a) Der Bereichungsanspruch richtet sich primär auf Herausgabe des Erlangten.

   b) Der Bereicherte hat alles herauszugeben, was er als Ersatz für den erlangten Gegenstand erwirbt.

   c) Wenn die Herausgabe des Erlangten nicht möglich ist, muß der Bereicherungsschuldner grundsätzlich den Wert ersetzen.

   d) Wenn die Bereicherung nachträglich weggefallen ist, entfällt grundsätzlich auch die Bereicherungsschuld.

5. Prüfen Sie nunmehr anhand des zu 3. gegebenen Schemas gutachtlich, ob B von T Rückgabe des Hasen nach § 812 Abs. 1 S. 1 BGB verlangen kann.

6. Ist T irgendwie zur Leistung verpflichtet, wenn sie den Osterhasen unterwegs aufgegessen hat?

7. *Verständnisfrage:* Wieso hindert die Geschäftsunfähigkeit der T nicht die Entstehung der Bereicherungsschuld?

III. Der 10jährige S verkauft und übergibt einen Stoß ihm gehöriger Kinderbücher für DM –,20 pro Stück an einen mit der Familie befreundeten Antiquar. Kann S die Bücher zurückverlangen?

1. Worin unterscheidet sich dieser Fall wesentlich von dem unter I und II geprüften?

2. Worin unterscheiden sich grundsätzlich Geschäftsunfähigkeit und beschränkte Geschäftsfähigkeit?

3. Versuchen Sie aus §§ 107, 108 BGB zu ermitteln, ob der Kaufvertrag zwischen S und A wirksam ist.

4. Gelten die gleichen Erwägungen auch für die Übereignung der Bücher?

5. Trifft das zu 4 Gesagte auch für die Übereignung des Geldes von A an S zu?

6. Skizzieren Sie mit wenigen Worten unter Angabe der betreffenden Paragraphen, ob A von S, nachdem er ihm die Bücher zurückgegeben hat, sein Geld zurückverlangen kann.

7. Lesen Sie § 111 S. 1 BGB und erklären Sie, worin er sich von § 108 Abs. 1 BGB unterscheidet.
   a) Im Anwendungsbereich

   b) In der Folge

8. In welchen Bestimmungen finden Sie näheren Aufschluß über die Ausdrücke „Einwilligung" und „Genehmigung"?

   Testen Sie, ob Sie dies mit dem Gesetzestext feststellen können.

9. Vertiefen Sie anhand eines Lehrbuchs Ihre Kenntnisse, besonders hinsichtlich der §§ 110, 112, 113 BGB.

IV. **Variante zu Fall III**

S verkauft und übergibt mit seinen eigenen auch zwei Bücher, die er von seinem Freund F geliehen hatte; diese Unterschlagung ist ihm auch voll bewußt. F möchte Schadensersatz von S haben.

1. Prüfen Sie gutachtlich diesen Anspruch.

2. Würde § 823 Abs. 1 BGB auch passen, wenn F nicht von S, sondern vom Vater des S Ersatz verlangen würde?

3. Welche Anspruchsgrundlage käme in Betracht, wenn der Vater wegen einer Handlung des Sohnes in Anspruch genommen werden sollte?

4. Versuchen Sie, sich die wichtigsten Unterschiede zwischen Deliktsfähigkeit und Geschäftsfähigkeit anhand von Lehrbüchern klar zu machen.

ÜBUNG 15

Einführende Literatur:

Lange:	§§ 49 I u. II, 55, 56
Lehmann-Hübner	§ 34 III u.IV
Schmelzeisen:	§§ 14 u. 15

I. V möchte dem K eine gebrauchte Maschine zum Preis von DM 1600,– verkaufen. V schreibt dem K dieserhalb, vertippt sich – ohne es zu bemerken – jedoch auf der Schreibmaschine derart, daß als Kaufpreis DM 1000,– genannt sind. In seinem Antwortschreiben erklärt sich K damit einverstanden, die Maschine zum Preis von DM 1000,– zu erwerben. Bei der Lektüre des Antwortschreibens merkt V, daß er sich vertippt hat.

1. Prüfen Sie zunächst, ob ein Kaufvertrag zustandegekommen ist. Schreiben Sie links die Voraussetzungen für die Entstehung eines Kaufvertrages auf; subsumieren Sie rechts die Tatsachen des Sachverhalts.

2. Unter welchen abstrakten rechtlichen Voraussetzungen könnte V vom Vertrag loskommen? Lesen Sie zunächst §§ 119, 121, 143 (Abs. I u. II) und 142 BGB.

3. Versuchen Sie allgemein zu erklären, was Irrtum ist.

4. Lesen Sie § 119 BGB und schreiben Sie die drei Irrtumsfälle mit den Worten des Gesetzes nieder.

5. Was meint das Gesetz in § 119 BGB mit dem Wort „Erklärung" (Zutreffendes unterstreichen)?
   a) Das, was der Erklärende will.
   b) Das, was er äußert.
6. Versuchen Sie die beiden in § 119 Abs. 1 BGB genannten Irrtumsfälle in eigenen Worten zu erläutern. Geben Sie ein Beispiel.

7. Erläutern Sie in eigenen Worten den Begriff der verkehrswesentlichen Eigenschaft in § 119 Abs. 2 BGB.

8. Welcher Irrtum berechtigt nicht zur Anfechtung?

9. Welche weitere Voraussetzung enthält § 119 BGB hinsichtlich der zur Anfechtung berechtigenden Irrtumsfälle?

10. **Wichtiger Hinweis**

Verpflichtungs- und Erfüllungsgeschäft sind hinsichtlich der Anfechtbarkeit gesondert zu betrachten. Allerdings kann für das Erfüllungsgeschäft der gleiche Anfechtungsgrund wie für das Verpflichtungsgeschäft in Betracht kommen.

11. **Fortsetzung des Ausgangsfalles**

V schreibt dem K daraufhin alsbald, daß er sich vertippt habe und daher den Kaufvertrag als nicht geschlossen betrachte. Dieser Brief kommt am nächsten Tag bei K an. Prüfen Sie gutachtlich, ob V von dem Kaufvertrag losgekommen ist.

12. Kann eine Anfechtung für den Anfechtenden möglicherweise Nachteile mit sich bringen?

II. Student V, der zu Weihnachten von seiner Großmutter zwecks Studienförderung die neueste Auflage eines Kommentars zum BGB geschenkt bekommen hat, betrachtet das Buch als Ballast und beschließt, es bei nächster Gelegenheit zu versilbern. Er erzählt daher dem Studienanfänger stud. rer. pol. K der Wahrheit zuwider, der zuständige Hochschullehrer habe den Studierenden dringend die Anschaffung des Kommentars angeraten unter Hinweis darauf, daß die Prüfung sonst wohl kaum zu bestehen sei. Daraufhin kauft K das Buch von V und bezahlt den zuvor schon genannten Preis in Höhe von DM 75,– sofort. Wenig später erfährt K, daß er von V angelogen wurde und fordert von ihm deshalb die gezahlten DM 75,– zurück. Mit Recht?

1. Lesen Sie zunächst die §§ 123 I, 124 I u. II 1, 143, 142 I BGB. Der § 123 BGB enthält die Begriffe der arglistischen Täuschung und widerrechtlichen Drohung. Versuchen Sie, diese Begriffe in eigenen Worten zu erläutern.

2. Welcher Zusammenhang muß nach § 123 BGB zwischen der Täuschungs- oder Drohungshandlung und der Abgabe der Willenserklärung bestehen?

3. Versuchen Sie, aus § 123 Abs. 2 BGB die Fälle darzustellen, in denen ein Anfechtungsrecht des Getäuschten besteht, wenn ein Dritter die Täuschung (Drohung) begangen hat.

4. Welcher Unterschied besteht hinsichtlich der Wirkungen einer Anfechtung aus § 123 BGB gegenüber einer Anfechtung aus § 119 BGB?

5. Versuchen Sie jetzt, eine gutachtliche Lösung des unter II angegebenen Sachverhalts. Auf welche Vorschrift könnte der Anspruch des K gestützt werden?

ÜBUNG 16

Einführende Literatur:

Lange:	§ 46 I - IV
Lehmann-Hübner:	§ 36
Schmelzeisen:	§ 18

I. Arbeitgeber K bittet den Angestellten B, das zur Ergänzung erforderliche Büromaterial einzukaufen. Bei Papierhändler V wählt B bestimmte Schreibmaterialien aus, die mit Lieferschein und Rechnung an K geschickt werden sollen. Zwischen welchen Personen ist der Kaufvertrag abgeschlossen?

1. Hier liegt offenbar ein Fall der Stellvertretung im Sinne der §§ 164 ff. BGB vor. Beantworten Sie daher zunächst folgende Fragen:

   a) Welche Voraussetzungen hat die rechtsgeschäftliche Vertretung nach § 164 BGB?

   b) Welche Folgen hat das Vorliegen rechtsgeschäftlicher Vertretung?

2. Untersuchen Sie nunmehr gutachtlich, ob und gegebenenfalls zwischen wem der Kaufvertrag abgeschlossen worden ist.

II. 1. K kauft im Ladengeschäft des V einen Kochtopf. Der Topf wird ihm von der Verkäuferin B ausgehändigt; diese kassiert auch das Geld. Welche Geschäfte mit wem hat K in diesem Fall abgeschlossen?

2. Erklären Sie, warum die B bei der Einigung als Vertreterin, bei der Übergabe als Besitzdienerin handelt.

III. Versuchen Sie zu erklären:

1. Worin unterscheiden sich die Fälle des § 185 BGB von denen des § 164 BGB?

2. E bittet V, seinen gebrauchten Fernsehapparat für ihn zu verkaufen. Er möchte dabei selbst überhaupt nicht in Erscheinung treten. Wie muß V vorgehen, damit dieser Wunsch erfüllt werden kann? Gehen Sie davon aus, daß zwischen E und V ein Auftragsverhältnis gemäß §§ 662 ff. BGB vereinbart wird. Auf dieses Verhältnis ist nicht näher einzugehen.

3. E bittet V ohne diese Einschränkung, den Apparat für ihn zu verkaufen. Wie kann V dann vorgehen?

IV. 1. Versuchen Sie herauszufinden, nach welchen Vorschriften dem Arbeitgeber die Handlungen eines Arbeitnehmers zugerechnet werden können.

a) Bei Vertragsabschlüssen und anderen Rechtsgeschäften, die der Arbeitnehmer für den Arbeitgeber vornimmt.

b) Bei Schädigung Dritter außerhalb schuldrechtlicher Beziehungen.

c) Bei Handlungen im Rahmen der Erfüllung schuldrechtlicher Verpflichtungen.

d) Bei der Ausübung der tatsächlichen Herrschaft über Sachen (Besitz).

2. Können bei einer Person, z.B. bei einem Arbeitnehmer, zugleich die Voraussetzungen zu einer Qualifikation als Vertreter, Erfüllungsgehilfe, Verrichtungsgehilfe und Besitzdiener vorliegen?

ÜBUNG 17

Einführende Literatur:

Brox:	Allgemeines Schuldrecht, §§ 24, 28
Esser:	Schuldrecht, Band I, §§ 27 I - IV, 55 I - V
Fikentscher:	§§ 39 III, 56, 57 I - III
Larenz:	Schuldrecht, Band I, §§ 18 VI, 34 I - V
Schmelzeisen:	§§ 33 V, 35

I. Altmann (A) hat Schulmann (S) ein zinsloses Darlehen von DM 2000,– gewährt, dessen Rückzahlung fällig ist. A braucht dringend Geld. Um Schwierigkeiten mit S zu vermeiden, schlägt A dem Neumann (N) vor, dieser könne die Darlehensforderung für DM 1900,– erwerben. N erklärt sich einverstanden und übergibt A DM 1900,–.

1. Welche Rechtsgeschäfte wurden zwischen A und N vorgenommen?

   Lesen Sie §§ 433, 398, 929 BGB und beantworten Sie die Frage unter Erörterung von Voraussetzungen und Folgen eines jeden Rechtsgeschäftes.

2. In welchem Verhältnis zueinander stehen die einzelnen Rechtsgeschäfte?

3. Kann N von S Rückzahlung des Darlehens verlangen? Beantworten Sie die Frage in einem kurzen Gutachten.

II. **Fallvariante**

S, der von dem Geschäft zwischen A und N nichts weiß, zahlt das Darlehen an A zurück.

Kann N gleichwohl von S Rückzahlung des Darlehens verlangen?

1. Lesen Sie § 407 BGB und beantworten Sie die Frage gutachtlich.

III. **Variante zu I.**

Bevor A die Darlehensforderung an N abtritt, hat A von S einen Gebrauchtwagen gekauft und erhalten, aber den Kaufpreis von DM 2000,– noch nicht bezahlt. S, der von dem Geschäft zwischen A und N nichts weiß, erklärt dem A, er rechne mit dem Kaufpreisanspruch gegen die Darlehensforderung auf.

1. Lesen Sie §§ 387 - 390 BGB und begründen Sie zunächst die vorgegebenen Voraussetzungen und Rechtsfolgen der Aufrechnung aus dem Gesetzestext mit eigenen Worten.

A. **Voraussetzungen**

a) Gegenseitigkeit der Forderungen

b) Gleichartigkeit des Leistungsgegenstandes

c) Durchsetzbarkeit der Aktivforderung

d) Erfüllbarkeit der Passivforderung

e) Aufrechnungserklärung

B. **Rechtsfolgen**

2. Prüfen Sie, ob die genannten Voraussetzungen im vorliegenden Fall erfüllt sind. An welcher Voraussetzung könnte eine wirksame Aufrechnung scheitern?

3. Lesen Sie §§ 406, 407 I BGB. Welche der beiden Vorschriften kommt im vorliegenden Fall zur Anwendung? Begründen Sie die Antwort.

IV. **Variante zu II.**

S erfährt von der Abtretung zwischen A und N und möchte nunmehr noch aufrechnen. Ist das möglich?

1. Begründen Sie die Antwort.

ÜBUNG 18

Einführende Literatur:

Westermann:	§§ 39 V, 40, 41, 43, 45, 46, 47, 48, 49
Baur:	§§ 51 IV, V, VI, 52 I - V
Lent-Schwab:	§§ 30 II, III, IV, 31 I, II, 32 I - III, 33 I - V
Schmelzeisen:	§§ 64 II, 65 I - IV, 68

I. Onkel E hat seinem Neffen B seinen Kraftwagen leihweise zur Verfügung gestellt. Als B sein Examen mit „sehr gut" besteht, schreibt ihm E, er könne jetzt den Wagen als sein Eigentum betrachten. B bedankt sich brieflich.

1. Prüfen Sie anhand von § 929 S. 2 BGB, ob B Eigentümer geworden ist (links die Tatbestandsmerkmale, rechts die betreffenden Tatsachen des Sachverhalts anführen).

2. Worin unterscheidet sich § 929 S. 2 von § 929 S. 1 BGB?

II. Onkel E verkauft seinen an B verliehenen Wagen an D. Er vereinbart mit D, daß dieser sofort Eigentümer werden soll und tritt ihm seine Herausgabeansprüche gegen B ab.

1. Schreiben Sie links die Voraussetzungen einer Übereignung nach § 931 nieder, prüfen Sie rechts, ob sie gegeben sind.

2. Worin unterscheidet sich § 931 von § 929 S. 1 BGB?

3. Welche Rechtsgeschäfte sind in der zwischen E und D getroffenen Vereinbarung enthalten?

4. Zu welchem Zeitpunkt wird D Eigentümer?
   a) Bei Abschluß der Vereinbarung zwischen E und D?
   b) Wenn D hiervon erfährt?
   c) Wenn B den Wagen an D herausgibt?

III. E möchte seinen Wagen an die B-Bank, bei der er um Kredit bittet, zur Sicherung übereignen, ihn aber doch weiter benutzen.

1. Prüfen Sie anhand von § 930 BGB, ob dies rechtlich möglich ist.

2. Worin unterscheidet sich § 930 von § 929 S. 1 BGB?

3. Welche Besonderheit haben die Fälle der §§ 929 S. 2, 931, 930 BGB gegenüber § 929 S. 1 BGB gemeinsam?

IV. Student B hat sich von Onkel E dessen Auto geliehen. Er verkauft es an seinen Kommilitonen G und erklärt ihm bei Übergabe der Schlüssel und der geschickt auf den Namen des B umgefälschten vollständigen Fahrzeugpapiere, er übertrage ihm das Eigentum.

1. Untersuchen Sie gutachtlich anhand von §§ 929, 932 BGB, ob G Eigentum an dem Fahrzeug erwirbt.

2. Hätte G bei leicht fahrlässiger Unkenntnis vom Nichteigentum des E nach § 932 BGB Eigentum erworben?

3. Es empfiehlt sich, die Fälle II und III mit der Abweichung, daß Onkel E niemals Eigentümer des Wagens gewesen ist, gutachtlich übungshalber zu lösen.

V. Hersteller H verkauft unter Eigentumsvorbehalt und übergibt eine Maschine an Zwischenhändler Z. Dieser verkauft und übergibt die Maschine, bevor er sie bei H bezahlt hat, weiter an den barzahlenden Käufer K. Dem K ist bekannt, daß in der betreffenden Branche sich die Hersteller regelmäßig das Eigentum vorbehalten und daß Z nicht besonders liquide ist.

1. Prüfen Sie zunächst stichwortartig, ob Z Eigentümer der Maschine geworden ist.

2. Prüfen Sie, ob K nach §§ 929, 932 BGB Eigentümer geworden ist.

3. Prüfen Sie, ob die Übereignung von Z an K nach §§ 929, 185 BGB wirksam sein könnte, wenn die zwischen H und Z vereinbarte Eigentumsvorbehalts-Klausel den Satz enthält: „Der Käufer darf die Ware im ordentlichen Geschäftsgang weiterveräußern."

VI. **Zusatzfrage zum Fall II 1**

Kann Onkel E von Student B Herausgabe des Kaufpreises verlangen, den dieser von G erhalten hat? Beantworten Sie die Frage anhand von § 816 Abs. 1 S. 1 BGB.

2. Versuchen Sie kurz zu erklären, was E von wem zu beanspruchen hätte, wenn E dem G den Wagen geschenkt hätte.

3. Versuchen Sie nun, das Verhältnis von § 932 zu § 816 Abs. 1 BGB zu erklären.

PROBEKLAUSUR NR. 1

I. Der Lebensmittelhändler A, Inhaber eines großen Selbstbedienungsunternehmens in München mit 27 Filialen, rief am Freitag bei dem Nährmittelfabrikanten B in Augsburg an und fragte, ob es ihm möglich sei, eine größere Menge Nudeln bis zum Montag in seine Zentrale zu liefern. B bejahte die Frage. Samstag früh rief A nochmals bei B an und fragte, ob er bereit sei, 5 Waggons Suppennudeln, Ia Qualität, zum Kilopreis von DM 1,– am Montag, 6 Uhr, zu liefern. B erklärte, er nehme den Auftrag zum Preise von DM 1,10 an. A solle sich bis 12 Uhr äußern. Nach kurzer Überlegung telegrafierte A an B: „Bestätige mündlichen Vertragsschluß". Dieses Telegramm wurde um 11.45 Uhr beim Pförtner der Fabrik des B abgegeben; der Pförtner glaubte, mit dem Telegramm sei am Samstag nichts zu veranlassen und wollte es erst am Montag weiterleiten. Nachdem B bis 12.30 Uhr keine Nachricht von A erhalten hatte, fuhr er von der Fabrik enttäuscht nach Hause.

Als sich A am Montagvormittag bei B nach dem Verbleib der Nudeln erkundigte, stellte sich B auf den Standpunkt, es sei kein Vertrag zustandegekommen.

A bittet um Auskunft, ob er Lieferung der Nudeln verlangen kann, wenn ja, zu welchem Preis.

PROBEKLAUSUR Nr. 2

I. Nach einem Wolkenbruch waren die Straßen in München überschwemmt. Die Stadtverwaltung beauftragte den Bauunternehmer A, für einen Abfluß der Wassermassen zu sorgen, und zwar zunächst am Marienplatz in der Innenstadt. A entsandte einen Trupp mit fünf Kanalarbeitern unter der Leitung des Vorarbeiters B dorthin. Der Vorarbeiter B war bereits seit 10 Jahren bei der Bauunternehmung beschäftigt und seinerzeit aufgrund außergewöhnlich guter Zeugnisse eingestellt worden; A hatte es deshalb nicht mehr für nötig gehalten, sich im einzelnen um die Arbeitsweise des B zu kümmern.

Am Marienplatz ordnete B zunächst an, daß der unter den Wassermassen befindliche Kanaldeckel an der Omnibushaltestelle geöffnet wurde. Da dies allein zum Abfluß des Wassers nicht genügte, ging er mit seinen Arbeitern zum Gerätewagen, um Stangen und anderes Handwerkszeug sowie Warntafeln zu holen. Inzwischen war der Omnibus vorgefahren, der mit Rücksicht auf die Wassermassen drei Meter von der Bordsteinkante entfernt hielt. C, der den Omnibus noch erreichen wollte, watete durch die Wassermassen, konnte den offenen Kanalschacht nicht sehen, da das Wasser infolge der Verstopfung nur sehr langsam abfloß, und stürzte in das Loch. Die von Passanten herbeigerufenen Kanalarbeiter konnten C schwerverletzt bergen.

Es ist zu prüfen, ob C Schadensersatzansprüche gegen den Bauunternehmer A geltend machen kann.

(Ansprüche aus *Amtspflichtverletzung* sind *nicht* zu untersuchen.)

PROBEKLAUSUR NR. 3

I. Der Antiquitätenhändler H hatte in seinem Geschäft ein altes Bild im Werte von DM 3 000,–. Während einer Geschäftsreise verkauft er dieses Bild umständehalber für DM 2 500,– an K gegen sofortige Barzahlung. Als H nach Rückkehr von seiner Geschäftsreise das Bild zur Versendung bringen will, erfährt er, daß das Bild am Tage vor dem Verkauf von unbekannten Tätern in dem von dem Angestellten A versehentlich unverschlossen gelassenen Lager zerstört worden ist. Daß in dem Lager Schäden entstanden waren, hatte A ohne Angabe von Einzelheiten dem H noch am selben Tage mitgeteilt. Bei seinem Abschluß des Vertrages mit K hatte H jedoch nicht an die Möglichkeit gedacht, daß auch das in Frage stehende Bild von der Zerstörung betroffen sein könnte.

K möchte wissen, welche Ansprüche er gegenüber dem Antiquitätenhändler H geltend machen kann.

II. **Fallvariante**

Das Bild wird nicht von Dritten zerstört, sondern von dem von H mit der alleinigen Geschäftsführung und Vertretung betrauten A fünf Stunden nach dem Vertragsschluß zwischen H und K an den X verkauft und sofort übergeben.

Welche Ansprüche hat in diesem Fall K gegen H?

PROBEKLAUSUR NR. 4

I. Der Anstreichermeister K will am 4. 7. bei dem Farbenhändler V einen Posten Fassadenfarbe kaufen. Zusammen mit V studiert er die Prospekte der Farbenfabrik. V empfiehlt ihm dann eine Farbe, für die im Prospekt des Herstellers angegeben ist: „Wasserfeste Fassadenfarbe, geeignet für Außenanstriche". V äußert dazu, K könne sich auf die Herstellerfirma verlassen, sie schreibe nichts in ihre Prospekte, was nicht zutreffend sei. K kauft die Farbe.

K verarbeitet diese Farbe an einem Neubau. Am 15. 7. kauft er einen weiteren Posten Farbe der gleichen Sorte nach. Auf der Wetterseite des gestrichenen Hauses erweist sich die Farbe bald als nicht ausreichend wetterbeständig. Nachforschungen ergeben, daß bei der Produktion der betreffenden Farbe ein Grundstoff mit einem anderen verwechselt worden war. Auch die Lieferung vom 15. 7. weist den gleichen Fehler auf.

K möchte wissen, ob er von V

a) Rückzahlung des Kaufpreises für die noch nicht verarbeitete Lieferung vom 15. 7.

b) Rückzahlung des Kaufpreises auch für die von ihm verarbeiteten Farben der Lieferung vom 4.7.

c) Ersatz der Kosten für den Neuanstrich des Hauses einschließlich der Gerüstmiete

verlangen kann.

II. Durch die auffallenden Nachbesserungsarbeiten gerät K in einen schlechten Ruf; deshalb entgeht ihm ein gewinnbringender Großauftrag. Er möchte wissen, ob er von V Ersatz des dadurch entstandenen Einnahmeverlustes verlangen kann.

Die gestellten Fragen sind gutachtlich zu beantworten.

I. **Voraussetzungen:**

Wer vorsätzlich oder fahrlässig das Leben, den Körper, die Gesundheit, die Freiheit, das Eigentum oder ein sonstiges Recht eines anderen widerrechtlich verletzt . . .

Folge:

. . . ist dem anderen zum Ersatz des daraus entstehenden Schadens verpflichtet.

II.
1. Vorsätzlich: keine Regelung, aber § 276 Abs. 1 BGB
2. fahrlässig: § 276 Abs. 1 S. 2 BGB
3. Eigentum: §§ 903 ff BGB
4. sonstiges Recht: keine Regelung
5. widerrechtlich: keine Regelung, aber §§ 227 – 231 und 904 BGB
6. Schaden: §§ 249 ff BGB

III.
1. „Wer . . . verletzt, ist . . . zum Ersatz . . . verpflichtet."
2. „verletzt"
3. „Leben, Körper, Gesundheit, Freiheit, Eigentum oder ein sonstiges Recht"
4. „verletzt" = (Verletzung verursacht)
5. Geht aus dem Gesetzestext nicht ausdrücklich hervor
6. „widerrechtlich"
7. „vorsätzlich oder fahrlässig"
8. Die Folgeregelung des § 823 Abs. 1 BGB setzt einen Schaden voraus

IV.
1. § 823 Abs. 1 BGB gibt dem Berechtigten nur gegen denjenigen einen Anspruch, der ihm den Schaden zugefügt hat.
2. Eine Handlung kann nicht nur in positivem Tun bestehen; auch ein Unterlassen kann eine Handlung im Sinne des § 823 Abs. 1 BGB sein. Eine Unterlassung ist allerdings nur relevant, wenn eine Rechtspflicht zum Handeln bestanden hat.
3. Nein, nur für Schäden der dort aufgeführten Rechte oder Rechtsgüter. Hätte der Gesetzgeber bestimmen wollen, daß für jeden Vermögensschaden gehaftet wird, so hätte er die Rechtsgüter nicht einzeln aufzuführen brauchen.
4. Der Schädiger soll nur für den Schaden haftbar sein, für den sein Handeln ursächlich war.
   a) Ein positives Tun ist für einen gedachten Erfolg (z.B. einen Schaden) kausal, wenn es nicht hin*weg*gedacht werden kann, ohne daß auch der betreffende Erfolg entfiele.
   b) Ein Unterlassen ist kausal, wenn die unterlassene Handlung nicht hin*zu*gedacht werden kann, ohne daß der Erfolg entfiele.
5. a) Der Schädiger soll nur den Schaden ersetzen müssen, den er nicht infolge ganz außergewöhnlicher Umstände herbeigeführt hat.
   b) Es ist auf die objektive Wahrscheinlichkeit des Schadenseintritts in bezug auf die zugrundeliegende Handlung abzustellen. Dabei kann die allgemeine Lebenserfahrung Anhaltspunkt sein.
6. Die herrschende Meinung sieht jegliche Schadensherbeiführung durch positives Tun als rechtswidrig im Sinne des § 823 Abs. 1 BGB an, sofern kein Rechtfertigungsgrund (§§ 227 – 231, 904 BGB, Handeln auf behördliche Anordnung oder Einwilligung des Geschädigten) vorliegt.

   Merksatz: Positives Tun indiziert Rechtswidrigkeit.

   Eine Unterlassung ist nur dann rechtswidrig, wenn eine Rechtspflicht zum Handeln besteht. Diese Rechtspflicht kann sich z.B. aus Gesetz oder Verordnungen (Streupflicht), aus Beruf (Bademeister) oder aus vorangegangenem Tun (allgemeine Verkehrssicherungspflicht) ergeben.

   Beachte: Diese Leitsätze sind weitgehend bestritten. Sie sollen hier als Arbeitshypothesen zugrundegelegt werden und bedürfen in einem vorgerückten Semester genauerer Überprüfung.

7. a) Vorsätzlich handelt derjenige, der wissentlich und willentlich (*Wissen und Wollen*) einen bestimmten Erfolg herbeiführt.

   b) § 276 Abs. 1 S. 2 BGB

8. Vermögensschaden ist die Differenz zwischen der *wirklichen* (realen) Vermögenslage des Geschädigten (*Vermögen im geschädigten Zustand*) und der hypothetischen Vermögenslage, die bestehen würde, wenn der zum Ersatz verpflichtende Umstand nicht eingetreten wäre (*Vermögen im ungeschädigten Zustand*).

V.

1.	*Idendität von Handelndem und Haftendem*	A hat die Wurst in das Nachbargrundstück geworfen, *gerade er* soll von B in Anspruch genommen werden.
2.	*Handlung*	Das Werfen der Wurst.
3.	*Rechts- oder Rechtsgutverletzung*	Der Hund gehört dem B, der Tod des Hundes verletzt das Eigentum des B an der Sache „Hund".
4.	*Kausalität*	Das Werfen der vergifteten Wurst war ursächlich für den Tod des Hundes. Denkt man sich die Handlung hinweg, wäre der Hund nicht gestorben, das Eigentum des B nicht verletzt.
5.	*Adäquenz*	Es entspricht der Lebenserfahrung, daß durch vergiftete Wurst ein Hund getötet werden kann.
6.	*Rechtswidrigkeit*	A handelt positiv, er wirft die Wurst. Positives Tun ist grundsätzlich rechtswidrig. Ein Rechtfertigungsgrund (Notwehr, Notstand) lag nicht vor.
7.	*Verschulden*	Die Wurst wurde wissentlich und willentlich geworfen. Der Wille richtet sich auf den Schädlingserfolg, somit liegt Vorsatz vor.
8.	*Schaden*	Das Vermögen des B ist um den Wert des Hundes vermindert.

VI. **Anspruch des B gegen A aus § 823 Abs. 1 BGB wegen Tötung eines Hundes**

Laut o.a. Sachverhalt verlangt B von A Schadensersatz aus § 823 Abs. 1 BGB, da A den Hund des B getötet haben soll. Dieser Anspruch wäre gerechtfertigt, wenn die tatbestandsmäßigen Voraussetzungen des § 823 Abs. 1 BGB erfüllt wären. Das Vorliegen des Tatbestandes des § 823 Abs. 1 BGB soll nachstehend geprüft werden.

1. Identität von Handelndem und Haftendem

   A hat die vergiftete Wurst ins Nachbargrundstück geworfen, gerade er soll von B in Anspruch genommen werden, damit ist dieses Tatbestandsmerkmal erfüllt.

2. Handlung

   Eine Handlung kann in einem Tun oder in einem Unterlassen bestehen. A hat eine vergiftete Wurst in das Nachbargrundstück geworfen; er hat also positiv gehandelt.

3. Rechts- oder Rechtsgutverletzung

   Der Hund ist eine Sache im Sinne des § 90 BGB, an der B Eigentum im Sinne des § 903 BGB hatte. Dieses Eigentum des B ist verletzt, es liegt damit eine Rechtsverletzung vor.

4. Kausalität

   Die Handlung des A (Werfen der vergifteten Wurst) hat auch die Rechtsverletzung (Tod des Hundes) verursacht, denn denkt man sich das Werfen der Wurst hinweg, wäre der Hund nicht gestorben.

5. Adäquanz

   Der eingetretene Schaden ist auch nicht aufgrund außergewöhnlicher Umstände eingetreten; es entspricht der Lebenserfahrung, daß durch das Hinwerfen einer vergifteten Wurst ein Hund getötet werden kann.

6. Rechtswidrigkeit

   A hat, wie unter 2 bereits festgestellt, positiv gehandelt. Positives Tun indiziert Rechtswidrigkeit, sofern nicht ein Rechtfertigungsgrund vorliegt. Zur Annahme eines Rechtfertigungsgrundes gibt der Sachverhalt keinen Anlaß, daher war das Handeln des A widerrechtlich.

7. Verschulden

   A hat die Wurst wissentlich und willentlich in den Garten des Nachbarn B geworfen, er wollte mit der vergifteten Wurst dem Hund einen Schaden zufügen. Somit lag Vorsatz vor.

8. Schaden

   Durch das Handeln des A ist dem B ein Schaden entstanden, da sich sein Vermögen um den Wert des Hundes vermindert hat.

Ergebnis

Die Prüfung der Tatbestandsvoraussetzungen des § 823 Abs. 1 BGB hat ergeben, daß sie durch den Sachverhalt erfüllt werden, B hat daher aus dieser Norm einen Anspruch auf Schadensersatz gegenüber A. Art und Umfang dieses Schadensersatzes richten sich nach den §§ 249 ff BGB, die hier nicht zu prüfen waren.

II. 1. § 903 BGB gibt dem Eigentümer einer Sache, soweit nicht das Gesetz oder Rechte Dritter entgegenstehen, das Recht, mit der Sache nach Belieben zu verfahren und andere (alle anderen) von jeder Einwirkung auszuschließen. In Ausübung dieses Rechts konnte der Hütteneigentümer die Hütte verschließen und das Schild anbringen.

2. Die Einschränkung könnte sich hier aus § 904 S. 1 ergeben, wenn dessen Voraussetzungen vorliegen.

Gegenwärtige Gefahr	A ist zum Zeitpunkt des Einbruchs in die Hütte dem Erfrieren nahe.
Zur Abwehr der Gefahr notwendiges Handeln	Um dieser Gefahr zu entgehen, muß er in die Hütte einbrechen.
Unverhältnismäßigkeit des drohenden gegenüber dem angerichteten Schaden	Der drohende Schaden waren Gesundheitsschäden oder Tod eines Menschen.
	Der entstandene Schaden liegt in einem erbrochenen Schloß und einer geringen Menge verzehrter Lebensmittel.
	Damit ist der drohende Schaden unverhältnismäßig größer als der entstandene Schaden.

Da die tatbestandsmäßigen Voraussetzungen des § 904 BGB vorliegen, konnte der Hütteneigentümer dem A das Betreten der Hütte nicht verbieten.

3. § 904 BGB S. 2 gibt dem Hütteneigentümer einen Anspruch auf Ersatz des entstandenen Schadens.

III. § 228 BGB ist hier nicht einschlägig, weil er voraussetzt, daß die Beschädigung einer Sache zur Abwehr einer Gefahr notwendig ist, die *gerade von dieser* Sache ausging.

Gesetzeswortlaut: „. . ., um eine *durch sie* drohende Gefahr abzuwenden." Von der Hütte ging keine Gefahr aus.

IV. Auf § 823 Abs. 1 BGB kann der Anspruch nicht gestützt werden, da A nicht widerrechtlich handelt. Zwar liegt hier positives Tun seitens des A vor, das grundsätzlich widerrechtlich ist, doch ist Notstand gemäß § 904 ein Rechtfertigungsgrund. Das Tatbestandsmerkmal „Rechtswidrigkeit" des § 823 Abs. 1 BGB ist damit nicht erfüllt, ein Anspruch aus dieser Norm ist nicht gegeben.

I. 1. Der nichtbesitzende Eigentümer kann von dem Besitzer Herausgabe der Sache (§ 90 BGB) verlangen. Der Besitzer darf dem Eigentümer gegenüber nicht zum Besitz berechtigt sein. Ein solches Recht zum Besitz kann sich z.B. ergeben aus Vertrag, Gesetz oder behördlicher Anordnung.

2. a) Eigentümer
b) Besitzer
c) Sache
d) Herausgabeverlangen

3. a) § 854 Abs. 1 BGB. Das Innehaben der tatsächlichen Gewalt über eine Sache (tatsächliche Sachherrschaft).
b) § 903 BGB. Das Recht zum beliebigen Verfahren mit der Sache und zum Ausschluß der Einwirkung anderer (rechtliche Sachherrschaft).

4. Objekt von Besitz und Eigentum sind Sachen im Sinne des § 90 BGB.

Merke: Rechte, insbesondere Forderungen, sind keine Sachen im Sinne des § 90 BGB. Jemand ist *Inhaber* eines Rechts; *Gläubiger* einer Forderung.

5. Nach § 90 BGB sind Sachen körperliche Gegenstände, sowohl bewegliche als auch unbewegliche.

6. Nach § 985 BGB kann der Eigentümer vom Besitzer die Herausgabe der Sache verlangen. Frau B ist laut Sachverhalt Eigentümerin des Vogels. Frau A hat den Vogel eingesperrt, sie ist damit Besitzerin im Sinne des § 854 BGB, da sie die tatsächliche Gewalt über den Vogel ausübt. Der Vogel ist eine Sache im Sinne des § 90 BGB. Damit ist der Anspruch der Frau B auf Herausgabe des Vogels aus § 985 BGB gegen Frau A gerechtfertigt. Ein Recht zum Besitz im Sinne des § 986 BGB seitens der Frau A kann dem Sachverhalt nicht entnommen werden. Ein Zurückbehaltungsrecht am Kanarienvogel wegen des Finderlohns (§§ 971, 273 BGB) besteht nicht, da Frau B den Finderlohn anbietet.

II. 1. § 929 S. 1 BGB regelt die Eigentumsübertragung an beweglichen Sachen, er hat folgende Voraussetzungen:

a) bewegliche Sache
b) Eigentum des Veräußerers
c) Einigung über die Eigentumsübertragung zwischen Veräußerer und Erwerber
d) Übergabe der Sache

2. Der Veräußerer muß erklären, daß er das Eigentum an der Sache auf den Erwerber übertragen will. Der Erwerber muß erklären, daß er das Eigentum an der Sache übernimmt.

3. Durch zwei Willenserklärungen (Antrag und Annahme), die inhaltlich übereinstimmen.

4. Übergabe ist Besitzverschaffung, d.h. der Veräußerer hat dem Erwerber die tatsächliche Gewalt im Sinne des § 854 BGB über die Sache zu verschaffen.

5.

a) *bewegliche Sache*	Der Kanarienvogel ist als körperlicher Gegenstand eine bewegliche Sache im Sinne des § 90 BGB.
b) *Eigentum des Veräußerers*	Laut Sachverhalt war Frau B Eigentümerin des Vogels.
c) *Einigung über den Eigentumsübergang*	Frau A müßte der Frau A antragen, daß sie ihr das Eigentum an dem Kanarienvogel übertragen will. Dieser Antrag müßte von Frau A rechtzeitig (§ 147 BGB) angenommen werden.
d) *Übergabe*	Im vorliegenden Fall ist diese Voraussetzung nicht erfüllbar, da Frau A bereits Besitzerin des Vogels ist.

6. Nach § 929 S. 2 BGB ist für den Fall, daß der Erwerber bereits im Besitz der Sache ist, nur die Einigung zum Übergang des Eigentums notwendig. Durch die oben geschilderte Einigung zwischen Frau B (Veräußerin) und Frau A (Erwerberin) über den Eigentumsübergang würde Frau A Eigentümerin des Kanarienvogels.

III. Der Anspruch der Frau Y gegen Frau X auf Herausgabe eines Kanarienvogels aus § 985 BGB.

Der Anspruch der Frau Y gegen Frau X wäre gerechtfertigt, wenn Frau Y Eigentümerin des Vogels wäre und Frau X Besitzerin. Weiter dürfte Frau X gegenüber der Frau Y gemäß § 986 BGB nicht zum Besitz berechtigt sein.

a) Die Eigentümerstellung der Frau Y

Zunächst war Frau X Eigentümerin des Vogels. Sie könnte aber das Eigentum durch Übereignung nach § 929 BGB an Frau Y verloren haben. § 929 BGB hat folgende Voraussetzungen:

1. *bewegliche Sache:* Der Vogel ist eine Sache als körperlicher Gegenstand im Sinne des § 90 BGB, er ist auch eine bewegliche Sache.
2. *Eigentum des Veräußerers:* Laut Sachverhalt war Frau X ursprünglich Eigentümerin.
3. *Einigung:* Die Einigung ist hier zumindest durch konkludente Willenserklärungen gegeben.
4. *Übergabe:* Laut Sachverhalt gab Frau X der Frau Y den Kanarienvogel zu eigen. Sie verschaffte damit Frau Y die tatsächliche Gewalt.

Da die Voraussetzungen des § 929 BGB erfüllt sind, war Frau Y Eigentümerin des Vogels geworden; Frau X hatte ihr Eigentum verloren.

b) Besitz der Frau X

Der entflogene Kanarienvogel ist in den Käfig zu Frau X zurückgekehrt, sie übt die tatsächliche Gewalt aus und ist damit Besitzerin im Sinne des § 854 BGB.

Wie oben dargestellt, ist Frau Y Eigentümerin des Kanarienvogels und Frau X Besitzerin. Nach § 985 BGB könnte damit Frau Y den Kanarienvogel von Frau X herausverlangen. Diesem Anspruch könnte möglicherweise ein Recht zum Besitz gemäß § 986 BGB entgegengehalten werden. Ein solches Recht könnte sich aufgrund des Gesetzes, behördlicher Anordnung oder Vertrages ergeben. Da der Sachverhalt für ein solches Recht zum Besitz keinen Anhaltspunkt bietet, besteht § 986 BGB dem Anspruch aus § 985 BGB nicht entgegen.

Frau Y kann aus § 985 BGB von Frau X den Kanarienvogel herausverlangen.

I. 1. Ein Vertrag kommt durch zwei übereinstimmende Willenserklärungen (Antrag und Annahme) zustande.

2. Der Antrag muß alles enthalten, was der Antragende als regelungsbedürftig ansieht. Der Annehmende muß in der Lage sein, den Antrag durch ein einfaches Ja anzunehmen.

3. A *Antrag* Der Antrag könnte bereits in der Zeitungsanzeige der Frau Vogel gesehen werden. Jedoch ist die Zeitungsanzeige kein wirksamer Antrag, sondern nur die Aufforderung zur Abgabe von Angeboten. Jedenfalls mangelt es dieser Zeitungsanzeige an der notwendigen Bestimmtheit (Mietraum und Mietpreis waren nicht ausreichend bestimmt), so daß in der Zeitungsanzeige kein wirksamer Antrag gesehen werden kann.

Der Antrag könnte in dem Angebot der Frau Vogel gesehen werden, ein bestimmtes Zimmer drei Semester lang für DM 90,– zu vermieten. Mit diesem Angebot hat Frau Vogel einen bindenden Antrag abgegeben, in dem Mietpreis, Mietgegenstand und Mietzeit genau bestimmt waren. Der Antrag hätte durch ein einfaches Ja angenommen werden können. Da der Antrag unter Anwesenden abgegeben wurde, war er sofort wirksam.

B *Annahme* Die Annahme liegt in der Zusage des Mehlwurm, mit der er sich auch binden wollte. Die Annahme deckte sich mit dem Antrag der Frau Vogel und erfolgte rechtzeitig im Sinne des § 147 Abs. 1 BGB.

4. Die speziellere Norm muß angewendet werden.

Merke den Grundsatz: Die speziellere Norm geht der allgemeinen vor.
Lex specialis derogat legi generali.

5. § 566 BGB ist gemäß § 580 BGB auf die Miete von Wohnräumen, um die es im vorliegenden Fall geht, analog anzuwenden. Der Vertrag wurde über 3 Semester, also über länger als ein Jahr abgeschlossen und bedurfte nach § 566 Satz 1 BGB der Schriftform. Diese war hier bei der mündlichen Verabredung nicht gewahrt. Danach könnte der Vertrag nach § 125 BGB nichtig sein. Jedoch sieht § 566 Satz 2 besondere Folgen (Geltung als auf unbestimmte Zeit abgeschlossen, besondere Kündigung) vor. Diese Spezialregelung schließt § 125 BGB aus. Für die Beantwortung der Frage, *ob* ein Mietvertrag besteht, sind daher die genannten Vorschriften ohne Bedeutung. Allenfalls können sich für die Beendigung des Mietvertrages (Kündigung) Besonderheiten ergeben.

II. 1. A Antragserklärung

a) *Bestimmtheit* a) M gibt seinen Antrag mit dem Brief ab. Dieser enthält ausreichend bestimmte Angaben über den gewünschten Vertragsinhalt.

b) *Bindungswille* b) Auch ein Wille zur vertraglichen Bindung ist aus ihm erkennbar.

c) *Wirksamwerden* c) Da der Antrag unter Abwesenden abgegeben worden ist, wird er gemäß § 130 Abs. 1 BGB mit dem Zugang wirksam. Der Brief des M kommt offenbar bei Frau V an, da er beantwortet wird. Der Antrag ist damit wirksam geworden.

B Annahmeerklärung

a) *Bestimmtheit* a) Frau V gibt diese Erklärung brieflich ab. Ihre Übereinstimmung mit dem Brief des M kann dem Sachverhalt entnommen werden.

b) *Bindungswille* b) Der Wille zur vertraglichen Bindung kann dem Brief jedenfalls entnommen werden.

c) *Wirksamwerden* c) Auch die Annahme ist eine Erklärung unter Abwesenden (§ 130 Abs. 1BGB Der Brief der V ist dem M nie zugegangen, nämlich nicht in seinen Machtbereich gelangt. Also ist die Annahmeerklärung nicht wirksam geworden.

2. Der Vertragsschluß scheiterte am Zugang der Annahmeerklärung.

III. 1. §§ 147 Abs. 2, 150 Abs. 1 BGB

2. A Antrag

Wie bereits oben untersucht, hatte M den Antrag wirksam erklärt.

Der Antrag war, wie ebenfalls bereits untersucht, auch durch Zugang bei V wirksam geworden.

B Annahme

a) **Der erste Brief der V**

Wie bereits untersucht, enthielt der erste Brief der V bereits eine Annahmeerklärung, bei der es jedoch am Zugang fehlte. Daher konnte durch diesen Brief der Vertrag nicht zustandekommen.

b) **Der zweite Brief der V**

Eine wirksame Annahmeerklärung könnte auch in dem zweiten Brief der V liegen. Auch hier war der Wille auf Annahme gerichtet, so daß eine ordnungsgemäße Erklärung vorliegt.

Zugang und damit Wirksamkeit der Willenserklärung im Sinne des § 130 Abs. 1 BGB ist laut Sachverhalt gegeben, da M den Brief der Frau V erhält. Der Vertrag könnte aber nur dann zustandegekommen sein, wenn im Augenblick des Zugangs der Annahmeerklärung M noch an den Antrag gebunden und der Antrag noch annahmefähig wäre.

Nach § 147 Abs. 2 ist dies, wenn wie hier der Antrag unter Abwesenden abgegeben wird, danach zu bestimmen, ob der Antragende M nach 3 Wochen noch mit dem Eingang der Antwort unter regelmäßigen Umständen rechnen konnte. Unter regelmäßigen Umständen benötigt ein Brief von der Absendung bis zur Ankunft innerhalb Deutschlands 1–3 Tage. Nimmt man – reichlich bemessen – eine Woche Überlegungsfrist hinzu, so war mit der Antwort nach ca. 10 Tagen zu rechnen. Nach 3 Wochen war somit der Antrag nicht mehr annahmefähig.

C Die verspätete Annahmeerklärung als neuer Antrag

Gemäß § 150 Abs. 1 BGB gilt jedoch eine verspätete Annahme als neuer Antrag. Student M kann somit nach Erhalt des Briefes diesen Antrag noch annehmen. Die Entscheidung über das Zustandekommen des Vertrages liegt also in unserem Fall in der Hand des Studenten.

IV. 1. §§ 130 Abs. 1 S. 2 und 145 BGB

2. A **Antrag**

Der von Mehlwurm gemachte Antrag erfüllte, wie oben bereits geprüft, alle Voraussetzungen eines Antrags zum Abschluß eines Mietvertrags; er wäre gemäß § 130 Abs. 1 S. 1 BGB mit Zugang wirksam geworden. Jedoch gibt § 130 Abs. 1 S. 2 BGB Mehlwurm die Möglichkeit, die Wirksamkeit seines Antrags zu verhindern.

B **Widerruf vor Zugang**

Gemäß § 130 Abs. 1 S. 2 BGB hätte M das Wirksamwerden seines Antrags verhindern können, wenn er den Widerruf so früh abgeschickt hätte, daß dieser mindestens gleichzeitig mit dem Antrag angekommen wäre. (evtl. auch Telegramm oder Telefonanruf). Dies ist laut Sachverhalt nicht der Fall, da Frau V den Antrag bereits erhalten hatte. Dadurch wurde der Antrag des M mit seinem Zugang wirksam.

C **Bindung an den Antrag**

M könnte sich von seinem Antrag vor der Annahme oder Ablehnung nur lösen, wenn er nicht gebunden wäre. Nach § 145 BGB ist er, da er eine Bindung nicht ausgeschlossen hat, so lange an den Antrag gebunden, wie dieser nicht erloschen ist (vgl. § 146 BGB). Nach zwei Tagen könnte M nach § 147 Abs. 2 BGB noch den Eingang der Antwort erwarten; der Antrag ist also noch wirksam; die Bindung hinderte M an der Rücknahme. Die Erklärung von V stellt die Annahme dar. Mit dem Zugang dieses Briefes ist der Vertrag zustandegekommen, Frau V hat also mit ihrer Behauptung recht.

V. 1. § 150 Abs. 2 BGB

2. A **Antrag**

Die Prüfung der Voraussetzungen eines wirksamen Antrags wurde bereits vorgenommen. Bestimmtheit, Bindungswille und Wirksamkeit sind gegeben (siehe oben II–1).

B **Annahme**

Die Annahmeerklärung der Frau V ist zwar hinsichtlich Mietraum und Mietpreis bestimmt, auch der Bindungswille ist vorhanden, doch weicht die Annahme im Mietpreis vom Antrag des M ab. Es liegen also keine übereinstimmenden Willenserklärungen vor. Nach § 150 Abs. 2 BGB gilt eine solche Annahme unter Änderungen als neuer Antrag. Ein Mietvertrag ist also bis zu diesem Zeitpunkt noch nicht zustandegekommen. M könnte aber durch Abgabe einer Annahmeerklärung seinerseits den Mietvertrag noch für DM 100,– als Mietpreis zustandebringen.

I. 1. Kauf

2. § 433 ff. BGB

3. Ein Kaufvertrag enthält die Verpflichtung zum Austausch von Ware gegen Geld.

4. Der Kaufvertrag kommt durch zwei übereinstimmende Willenserklärungen (Antrag und Annahme) zustande. Diese Problematik wurde bereits in den Übungen 3 und 4 behandelt.

5. A *Antrag:* 1. Anruf des K: Kein Bindungswille; keine Bestimmtheit des Preises, daher kein Antrag gemäß § 145 BGB

2. Vorführung der Anlage durch V:
Bindungswille ist vorhanden, da V als Händler wohl verkaufen will, Kaufgegenstand und Kaufpreis sind bestimmt. K könnte „ja" antworten.

B *Annahme:* Ausdrückliche Annahme durch K. Bindungswille und Bestimmtheit sind gegeben.

Die Annahme erfolgte auch rechtzeitig im Sinne des § 147 Abs. 1 BGB, da K den Antrag sofort angenommen hat.

6. Der Verkäufer hat dem Käufer die Sache zu übergeben und das Eigentum zu verschaffen (§ 433 Abs. 1 S. 1 BGB). Der Käufer ist verpflichtet, dem Verkäufer den vereinbarten Kaufpreis zu zahlen und die gekaufte Sache abzunehmen (§ 433 Abs. 2 BGB).

7. Nein; der Abschluß des Kaufvertrags schafft nach § 433 Abs. 1 Satz 1 BGB nur eine schuldrechtliche Verpflichtung zur Vornahme der Übereignung.

Gesetzeswortlaut: „Durch den Kaufvertrag wird der Verkäufer einer Sache *verpflichtet, dem Käufer* die Sache zu übergeben und *das Eigentum an der Sache zu verschaffen.*"

8. „Schuldrechtlicher Vertrag", „obligatorischer Vertrag", „Verpflichtungsgeschäft"

9. Verschaffung des unmittelbaren Besitzes an der Sache

10. § 929 S. 1 BGB:
V als Eigentümer muß dem K die Stereoanlage übergeben und ihm an der Sache Eigentum durch Einigung über den Eigentumsübergang verschaffen.

11. Verfügungsgeschäft, Erfüllungsgeschäft

12. Die Verfügung ändert die dingliche Rechtslage, sie überträgt ein Recht (z.B. Eigentum), hebt es auf oder ändert es dem Inhalt nach. Demgegenüber schaffen Verpflichtungsgeschäfte nur schuldrechtliche Ansprüche auf Vornahme der dinglichen Geschäfte, ändern aber die dingliche Rechtslage nicht selbst.

13. a) bewegliche Sache
b) Eigentum des Veräußerers
c) Übergabe der Sache
d) Einigung über den Eigentumsübergang

14. a) *bewegliche Sache* — Die Stereoanlage ist als körperlicher Gegenstand eine Sache im Sinne des § 90 BGB; sie ist auch eine bewegliche Sache, da sie kein Grundstück ist.
b) *Eigentum des Veräußerers* — Da der Sachverhalt nichts Gegenteiliges erwähnt, muß angenommen werden, daß V Eigentümer der Stereoanlage ist.
c) *Übergabe der Sache* — V händigt das Gerät aus.
d) *Einigung über den Eigentumsübergang* — V bringt das Gerät (konkludenter Antrag), K stellt es weg (konkludente Annahme).

15. Kaufpreiszahlung

II. 1. Übergabe der Sache „Geld" und Eigentumsverschaffung durch Einigung gemäß § 929 BGB

2. a) *Abnahme* — K stellt weg.
b) *Übergabe des Geldes* — K übergibt DM 2.000,– an V.
c) *Einigung über den Eigentumsübergang am Geld* — K handelt konkludent bei Übergabe; V quittiert.

III. a) Kaufvertrag
b) Übergabe der Kaufsache
c) Einigung über den Eigentumsübergang an der Kaufsache
d) Übergabe des Geldes
e) Einigung über den Eigentumsübergang am Geld

IV. Durch Übergabe und Einigung über den Eigentumsübergang gemäß § 929 BGB.

I. 1. Aus § 433 Abs. 1 S. 1 BGB ergibt sich nur ein Lieferungsanspruch gegen den V als Verkäufer, nicht aber gegen X. Als relatives Rechtsverhältnis kann der Kaufvertrag zwischen V und K keine Wirkungen zu Lasten des X erzielen.

2. § 823 Abs. 1 BGB kommt nicht in Betracht, da sich aus dem Sachverhalt keinerlei Anhaltspunkte für ein schuldhaftes Handeln des X ergeben.

3. § 985 BGB

4. Eigentum an beweglichen Sachen wird gemäß § 929 Satz 1 BGB durch Übergabe der Sache und durch Einigung über den Eigentumsübergang übertragen. Die Einigung könnte bereits mit Abschluß des Kaufvertrages erfolgt sein, jedenfalls hat aber eine Übergabe des Autos von V an K noch nicht stattgefunden, so daß K kein Eigentum an dem Wagen erworben hat. – Das Zustandekommen des Kaufvertrages allein, und sei er schriftlich geschlossen, bewirkt noch keine Eigentumsübertragung – Abstraktionsprinzip. Ein Kaufvertrag begründet gemäß § 433 Abs. 1 Satz 1 BGB lediglich die Verpflichtung zur Übergabe und zur Eigentumsverschaffung, ändert aber die bei seinem Abschluß bestehende Eigentumslage nicht.

5. Nein.

II. X ist gemäß § 929 Satz 1 BGB durch Einigung (die entweder mit Abschluß des Kaufvertrages am 11.12. oder aber mit der Aushändigung am 12.12. erfolgte) und Übergabe (die am 12.12. erfolgte) am 12.12. Eigentümer geworden.

III. Eigentum an beweglichen Sachen wird durch Einigung und Übergabe gemäß § 929 Satz 1 BGB übertragen. Daher ist es in der Regel gleichgültig, wann der Kaufpreis bezahlt wird.

IV. 1. Alle Daten, einschließlich der Leistungszeit; der Erwähnung der Schriftlichkeit bzw. Mündlichkeit der Abschlüsse; die Kaufpreiszahlung.

2. K kauft von V dessen gebrauchten Mercedes. Später verkauft V den Wagen an X und händigt ihm diesen aus. Kann K von X den Wagen herausverlangen?

I. 1. Der Anspruch des A auf Lieferung des roten Fahnentuches gegen B könnte sich aus § 433 Abs. 1 S. 1 BGB ergeben. § 433 Abs. 1 BGB setzt einen wirksamen Kaufvertrag voraus, der durch zwei übereinstimmende Willenserklärungen (Antrag und Annahme) zustandekommt. Der Formulierung des Sachverhalts „kauft" muß der wirksame Abschluß eines Kaufvertrags gemäß § 433 BGB entnommen werden. Damit bestand zunächst auch der Anspruch des A aus § 433 Abs. 1 BGB auf Lieferung des roten Fahnentuches.

2. Um das Vorliegen des Erfüllungstatbestandes nach § 362 Abs. 1 BGB festzustellen, muß zunächst geprüft werden, worin die geschuldete Leistung bestehen sollte, sodann, ob eine Leistung bewirkt ist und schließlich, ob sie der geschuldeten Leistung entspricht.

a) *aus einem Schuldverhältnis geschuldete Leistung*	A schuldete B aus einem Kaufvertrag gemäß § 433 BGB die Übereignung und Besitzverschaffung an einem (oder dem) Ballen roten Fahnentuch.
b) *Bewirkung der geschuldeten Leistung. Dies bedeutet hier, daß das Eigentum nach § 929 sowie der Besitz nach § 854 BGB übertragen werden müßte.*	Das gelieferte Fahnentuch wurde durch die Ablieferung in die Sachherrschaft des A gebracht (§ 854 BGB). Da sich beide über den Eigentumsübergang einig waren, ist auch das Eigentum nach § 929 BGB übergegangen.
c) *Identität der geschuldeten und der bewirkten Leistung*	Diese liegt hier offensichtlich vor.
d) *An den Gläubiger*	Gläubiger der Lieferung ist nach § 433 Abs. 1 der Käufer. Da A der Käufer war, ist die Leistung an den Gläubiger bewirkt.

Da alle Voraussetzungen des § 362 Abs. 1 BGB vorliegen, ist die Lieferpflicht erfüllt und damit erloschen. A kann nicht nochmals Lieferung verlangen.

II. Wie oben I 2, aber

1. die geschuldete Leistung war rotes Tuch;
2. die Übereignung und Besitzverschaffung wurde am schwarzen Tuch vorgenommen;
3. es fehlt an der Identität von Schuld- und Leistungsgegenstand.

Daher liegt keine Erfüllung im Sinne des § 362 Abs. 1 BGB vor.
Der Anspruch des A aus § 433 Abs. 1 BGB auf Lieferung eines Ballen roten Tuches bleibt bestehen.

III. 1. Nein, A hat die Lieferung des schwarzen Tuches als Erfüllung des bestehenden Kaufvertrages über rotes Tuch angenommen. Damit liegt eine Leistung an Erfüllungs Statt im Sinne des § 364 Abs. 1 BGB vor, die das Schuldverhältnis zum Erlöschen bringt.

2. Der Gläubiger muß die Leistung an Erfüllungs Statt annehmen und der Schuldner muß sie als solche geben. Es muß also ein besonderer Vertrag über das Erlöschen des Schuldverhältnisses durch die Leistung an Erfüllungs Statt vorliegen.

3. Hier übernimmt A gegenüber B zum Zwecke der Befriedigung des B eine neue Verbindlichkeit – die Wechselverpflichtung – gemäß § 364 Abs. 2 BGB ist in diesem Fall im Zweifel nicht anzunehmen, daß diese Verbindlichkeit an Erfüllungs Statt übernommen wurde.

4. Die Annahme einer Leistung an Erfüllungs Statt bringt das Schuldverhältnis zum Erlöschen § 364 Abs. 1BGB.

Die Aussage des § 364 Abs. 2 BGB, daß die Übernahme einer Verbindlichkeit im Zweifel nicht an Erfüllungs Statt erfolgt, bedeutet, daß damit das ursprüngliche Schuldverhältnis auch nicht erlischt. Die neue Verbindlichkeit tritt neben die alte, erst mit ihrer Erfüllung erlischt auch die ursprüngliche Schuld.

IV. § 362 Abs. 1 BGB stellt nicht darauf ab, *wer* zu leisten hat. Doch ergibt sich aus § 267 BGB, daß auch eine andere Person als der Schuldner die Schuld erfüllen kann. Aus § 267 Abs. 2 BGB ist zu entnehmen, daß das Gesetz dieser Drittleistung die Erfüllungswirkung nicht einmal dann versagt, wenn der Schuldner widerspricht; denn dieser Widerspruch soll nur ein Zurückweisungsrecht des Gläubigers begründen. Also konnte C für B erfüllen.

V. 1. Die Lösung könnte sich aus § 266 BGB ergeben. Danach ist der Schuldner nicht berechtigt, die Leistung in

Teilen zu erbringen. Also war B nicht berechtigt, statt zwei Ballen nur einen Ballen zu liefern. Daraus läßt sich schließen, daß A die unberechtigte Teilleistung nicht als Erfüllung annehmen muß.

2. § 362 BGB wirkt nach seiner Formulierung nur zugunsten des Gläubigers. Er steht einer Annahme von Teilleistungen nicht entgegen.

3. a) Wird die Leistung zurückgewiesen, so kommt es nicht zur Bewirkung, die Erfüllungswirkung tritt nicht ein.
   b) Wird eine Teilleistung angenommen, so tritt Teilerfüllung ein. Somit verringert sich der Lieferungsanspruch auf den Rest.

VI. 1. § 378 BGB bietet eine Befreiungsmöglichkeit. Voraussetzungen dieser Vorschrift:

a) Es muß ein Hinterlegungsrecht bestehen.
b) Die Hinterlegung muß erfolgen.
c) Die Rücknahme der Hinterlegung muß ausgeschlossen sein.

2. a) Es müßte ein Hinterlegungsrecht nach § 372 BGB bestehen. Voraussetzungen nach § 372 BGB:

aa) *Der geschuldete Gegenstand müßte hinterlegungsfähig sein.*	Die geschuldete Münze ist eine Kostbarkeit und daher hinterlegungsfähig.
bb) *Der Gläubiger muß in Annahmeverzug sein.* *Voraussetzungen des Annahmeverzuges: gemäß § 293 u. 294 BGB.*	
aaa) Es muß eine Leistung angeboten werden.	Der Versuch der Ablieferung ist ein Erfüllungsangebot.
bbb) Es muß sich um die geschuldete Leistung handeln.	Hier wurde die geschuldete Leistung (alte Münze) angeboten.
ccc) Die Leistung muß am richtigen Ort angeboten werden („so, wie sie zu bewirken ist").	Da B sie dem A bringen will, ist dies selbst dann erfüllt, wenn eine Bringschuld vorliegt.
ddd) Die Leistung muß ferner zur richtigen Zeit angeboten werden („so, wie sie zu bewirken ist").	Da der Sachverhalt nichts Gegenteiliges enthält, konnte gemäß § 271 Abs. 1 BGB der Schuldner die Leistung ab sofort bewirken.
eee) Der Gläubiger darf die Leistung nicht angenommen haben.	Auch dies ist der Fall. Es kommt nicht darauf an, ob er sie willentlich nicht annimmt. Verschulden ist nicht erforderlich, überhaupt kein Handlungswille.

Somit war A in Annahmeverzug, ein Hinterlegungsrecht nach § 372 BGB ist gegeben.

b) *Hinterlegungsvorgang*	Der B muß die Hinterlegung gemäß §§ 372, 374 BGB vornehmen. Hinterlegungsstelle ist das zuständige Amtsgericht.
c) *Das Rücknahmerecht muß ausgeschlossen sein.*	Dies kann der Schuldner durch Verzicht nach § 376 Abs. 2 Ziff. 1 BGB erreichen.

Ergebnis

B kann sich von seiner Lieferpflicht befreien, wenn er die Münze bei einer öffentlichen Hinterlegungsstelle hinterlegt und auf die Rücknahme verzichtet.

VII. Der Fall unterscheidet sich vom vorhergehenden dadurch, daß es nur an der Hinterlegungsfähigkeit des Leistungsgegenstandes fehlt. Daher kann sich B hier nur durch Versteigerung und Hinterlegung des Erlöses befreien.

I. 1. Der Anspruch ließe sich möglicherweise auf § 823 Abs. 1 BGB stützen.

2. Der Schadensersatzanspruch des Hurtig gegen Reich läßt sich möglicherweise auf § 823 Abs. 1 BGB stützen. § 823 Abs. 1 BGB enthält folgende Voraussetzungen, die durch den Sachverhalt erfüllt sein müssen, wenn der Anspruch des Hurtig gerechtfertigt sein soll:

a) Identität zwischen Handelndem und Haftendem

Reich ist seiner Streupflicht nicht nachgekommen, gerade gegen ihn macht Hurtig Ersatzanspruch geltend.

b) Handlung

Reich hat den Bürgersteig nicht gestreut, darin liegt ein Unterlassen und somit eine Handlung i.S. § 823 Abs. 1 BGB.

c) Rechts- oder Rechtsgutverletzung

Laut Sachverhalt hat Hurtig eine Körperverletzung erlitten, die einen Krankenhausaufenthalt erforderlich machte. Körper und Gesundheit sind durch § 823 Abs. 1 BGB ausdrücklich geschützte Rechtsgüter, die hier verletzt wurden.

d) Kausalität

Die eingetretene Rechtsgutverletzung ist auch durch das Unterlassen des Streuens herbeigeführt worden. Denkt man sich das Streuen hinzu, wäre der Unfall nicht geschehen.

e) Adäquanz

Der eingetretene Schaden ist auch nicht infolge außergewöhnlicher Umstände eingetreten; es entspricht der Lebenserfahrung, daß auf gefrorenen und nicht gestreuten Bürgersteigen Menschen ausrutschen und sich in dieser Form verletzen können.

f) Rechtswidrigkeit

Reich hat, wie unter b) festgestellt, durch Unterlassen gehandelt. Eine Unterlassung ist aber nur dann widerrechtlich, wenn eine Rechtspflicht zum Handeln besteht. Diese Rechtspflicht zum Handeln ergibt sich im vorliegenden Sachverhalt aus der genannten Polizeiverordnung als Gesetz im materiellen Sinn, so daß die Unterlassung des Reich widerrechtlich war.

g) Verschulden

Der Sachverhalt läßt an der Deliktsfähigkeit des Reich keinen Zweifel; für das Vorliegen der Voraussetzungen der §§ 827, 828 BGB ergibt sich kein Anhaltspunkt.

Als Schuldformen nennt § 823 Abs. 1 BGB Vorsatz und Fahrlässigkeit. Da Reich sich an den Stürzen der Passanten erfreute, kann davon ausgegangen werden, daß er die Stürze nicht nur voraussah (Wissen), sondern sogar wollte, sie zumindest billigend in Kauf nahm. Es liegt also seitens des Reich Vorsatz, zumindest aber bedingter Vorsatz vor.

h) Schaden

Der Sturz hat bei Hurtig zu einer Körperverletzung geführt, deren Heilbehandlung DM 3 000,– kostete. Außerdem entging ihm ein Verdienst in Höhe von DM 2 000,–. Um diese Beträge ist sein wirkliches Vermögen gegenüber seinem Vermögen, wie es sich ohne den Unfall jetzt darstellen würde, gemindert.

Da alle tatbestandsmäßigen Voraussetzungen des § 823 Abs. 1 BGB erfüllt sind, kann Hurtig von Reich aus dieser Vorschrift Schadensersatz geltend machen. Art und Umfang des Schadensersatzes waren an dieser Stelle nicht zu prüfen.

3. § 823 Abs. 1 BGB gibt nur eine Antwort auf die generelle Frage, ob überhaupt ein Schadensersatzanspruch entsteht. Art und Umfang des Schadensersatzes ergeben sich aus den §§ 249 ff. BGB.

4. Vermögensschaden ist die Differenz zwischen der wirklichen (realen) Vermögenslage des Geschädigten (Vermögen in geschädigtem Zustand) und der hypothetischen Vermögenslage, die bestehen würde, wenn der zum Ersatz verpflichtende Umstand nicht eingetreten wäre (Vermögen in ungeschädigtem Zustand).

5. Naturalrestitution (§ 249 S. 1 BGB).

6. a) § 249 S. 2 BGB. Bei Verletzung einer Person oder wegen Beschädigung einer Sache steht dem Geschädigten dieses Wahlrecht zu.

b) Nach § 251 Abs. 1 BGB hat der Schädiger den Gläubiger in Geld zu entschädigen, soweit die Herstellung nicht möglich oder zur Entschädigung nicht genügend ist. Ein Wahlrecht steht dem Schädiger im Falle des § 251 Abs. 2 BGB zu, wenn die Herstellung für den Schädiger nur mit unverhältnismäßig großen Aufwendungen möglich ist.

7. Ein Schaden, der nicht Vermögensschaden ist (immaterieller Schaden), darf nur in den Fällen der §§ 847 u. 1300 BGB durch Geldersatz entschädigt werden.

   Merke: Die Rechtsprechung hat darüber hinaus einen Geldersatz auch in solchen Fällen anerkannt, in denen das Persönlichkeitsrecht verletzt wurde.

8. Art und Umfang des Schadenersatzanspruchs Hurtig gegen Reich

   Die Berechtigung der Schadensersatzforderungen des Hurtig gegen Reich aus § 823 Abs. 1 BGB wurde bereits oben unter I 2 nachgewiesen. Die einzelnen Teile des entstandenen Schadens sind offensichtlich durch das unterlassene Streuen adäquat kausal herbeigeführt worden. Art und Umfang des geltend gemachten Schadensersatzanspruchs ergeben sich aus den §§ 249 ff. BGB. Das BGB sieht in § 249 S. 1 die Naturalherstellung als grundsätzliche Form des Schadensersatzes vor. Im vorliegenden Fall verlangt jedoch Hurtig Geldersatz. Da hier eine Personenverletzung vorliegt, steht dem Hurtig die Möglichkeit offen, nach § 249 S. 2 BGB von Reich Ersatz der Krankenhauskosten in Geld zu fordern.

   Für die entgangene Provision könnte Hurtig den Anspruch auf § 252 BGB stützen. Es ist laut Sachverhalt nicht zweifelhaft, daß Hurtig ohne den Unfall diese Provisionen verdient hätte. Sie würden damit ohne den Unfall zu seinem Vermögen gehören.

   Nach der Differenztheorie ist damit seine konkrete Vermögenslage um DM 5 000,– (DM 3 000,– Krankenhauskosten und DM 2 000,– Provisionsausfall) geringer, als sich sein Vermögen entwickelt hätte, wenn der zum Schadensersatz verpflichtende Umstand nicht eingetreten wäre.

   Das geforderte Schmerzensgeld ist ein Schadensersatz für einen erlittenen immateriellen Schaden. Für einen solchen Schaden kann eine Entschädigung in Geld nach § 253 BGB nur in den durch das Gesetz bestimmten Fällen gefordert werden. Im Bereich des Rechts der unerlaubten Handlung bestimmt § 847 Abs. 1 BGB eine Möglichkeit, Geldersatz für immateriellen Schaden zu fordern. Da Hurtig an Körper und Gesundheit verletzt wurde, kann er gemäß § 253 BGB i.V. § 847 Abs. 1 BGB eine billige Entschädigung in Geld verlangen. Die Höhe dieses Schmerzensgeldes soll laut Sachverhalt nicht umstritten sein.

   Die von Hurtig geltend gemachten Schadensersatzansprüche sind demnach nach Art und Umfang gerechtfertigt.

II. 1. § 823 Abs. 1 BGB gibt einen Schadensersatzanspruch gegen den Schädiger selbst, § 831 BGB ermöglicht einen Schadensersatzanspruch nicht gegen den Schädiger, sondern gegen einen Dritten, gegen denjenigen, der einen anderen (den Schädiger) zu einer Verrichtung bestellt.

2. a) Wenn der Geschäftsherr die im Verkehr erforderliche Sorgfalt bei der Auswahl der bestellten Person angewendet hat.

   b) Wenn der Schaden auch bei Anwendung dieser Sorgfalt entstanden wäre.

3. Exculpation oder Entlastung.

4. Das Gesetz vermutet ein Verschulden des Geschäftsherrn bei der Auswahl der Person und gibt dem Geschäftsherrn die Möglichkeit, sich durch den Entlastungsbeweis (den der Geschäftsherr zu erbringen hat) von der Haftung zu befreien.

5. –

6. Zu 5a) § 831 BGB bietet eine Anspruchsgrundlage nur gegen den Geschäftsherrn, der einen anderen zu einer Verrichtung bestellt.

   Zu 5b) Zwischen Geschäftsherrn und Verrichtungsgehilfen muß ein Unterordnungsverhältnis bestehen. Der Verrichtungsgehilfe muß vom Geschäftsherrn abhängig und streng weisungsgebunden sein.

   Zu 5c) aa) „. . . ist zum Ersatz des *Schadens* verpflichtet, den der andere . . . widerrechtlich zufügt."

   Merke: Die Schadenszufügung ist widerrechtlich, wenn sie den Tatbestand einer unerlaubten Handlung erfüllt.

   bb) § 823 Abs. 1 BGB mit folgenden objektiven Tatbestandsvoraussetzungen:

   Handlung
   Rechts- oder Rechtsgutverletzung
   Kausalität
   Adäquanz
   Widerrechtlichkeit
   Schaden

Merke: § 831 BGB begründet eine Haftung des Geschäftsherrn unter der Voraussetzung, daß die übrigen Tatbestandsmerkmale erfüllt sind, auch dann, wenn der Verrichtungsgehilfe den objektiven Tatbestand einer anderen unerlaubten Handlung, z.B. §§ 823 Abs. 2, 826 BGB verwirklicht.

Zu 5d) Die schädigende Handlung muß in den Kreis der Maßnahmen fallen, die die Ausführung der Verrichtung darstellen und mit ihnen in einem inneren Zusammenhang stehen.

Zu 5e) Die Beobachtung der im Verkehr erforderlichen Sorgfalt wird nicht nur bei der ersten Einstellung eines Verrichtungsgehilfen gefordert, vielmehr muß gerade die Auswahl zu der Verrichtung, in deren Verlauf die schädigende Handlung liegt, unter Beachtung der im Verkehr erforderlichen Sorgfalt erfolgen. Das bedeutet, daß Verrichtungsgehilfen einer dauernden Kontrolle und Überwachung unterliegen müssen, wenn der Geschäftsherr den Entlastungsbeweis im Rahmen des § 831 BGB mit Erfolg erbringen will.

7. Nein, § 831 BGB stellt nicht auf ein schuldhaftes Handeln des Verrichtungsgehilfen ab, sondern vermutet ein Verschulden des Geschäftsherrn bei der Auswahl der Verrichtungsgehilfen mit der Möglichkeit, den Entlastungsbeweis zu erbringen.

III. Der Schadensersatzanspruch des Reich gegen Klecks aus § 831 Abs. 1 BGB wäre berechtigt, wenn Klecks den Eifrig zu einer Verrichtung bestellt hätte und dieser dem Reich in Ausführung der Verrichtung widerrechtlich einen Schaden zugefügt hätte.

a) Identität zwischen Geschäftsherrn und Haftendem

Reich macht den Anspruch gegen Klecks geltend, der seinen Gesellen Eifrig zu einer Verrichtung bestellt hat. Klecks ist Geschäftsherr des Eifrig und damit der richtige Anspruchsgegner.

b) Verrichtungsgehilfeneigenschaft des Eifrig

Zwischen Eifrig und Klecks bestand ein Unterordnungsverhältnis in der Form eines Arbeitsvertrags, aus dem Klecks dem Eifrig gegenüber weisungsberechtigt war. Eifrig ist damit Verrichtungsgehilfe im Sinne § 831 BGB.

c) Verwirklichung des objektiven Tatbestands einer unerlaubten Handlung – hier § 823 Abs. 1 BGB

aa) Handlung

Eifrig hat hier positiv gehandelt, indem er die Uhr aus dem Schrank nahm.

bb) Rechts- oder Rechtsgutsverletzung

Hier ist das Eigentum i.S. §§ 903 ff. BGB des Reich verletzt; Eigentum ist das von § 823 Abs. 1 BGB ausdrücklich geschützte absolute Recht.

cc) Kausalität

Die Handlung des Eifrig war auch für die Rechtsverletzung ursächlich, denkt man sich die Handlung hinweg, wäre auch das Eigentum des Reich nicht verletzt.

dd) Adäquanz

Adäquanz liegt offensichtlich vor.

ee) Widerrechtlichkeit

Eifrig hat positiv gehandelt; positives Tun indiziert Widerrechtlichkeit. Ein Rechtfertigungsgrund für die Handlung des Eifrig ist nicht gegeben.

ff) Schaden

Das Vermögen des Reich ist um den Wert der Uhr gemindert; es liegt ein Schaden vor.

Da alle objektiven Voraussetzungen des § 823 Abs. 1 BGB erfüllt sind, hat Eifrig den Tatbestand einer unerlaubten Handlung in seiner Person verwirklicht

d) Handeln in Ausführung der Verrichtung und nicht nur gelegentlich der Verrichtung

Der Diebstahl des Eifrig steht in keinem inneren Zusammenhang mit der Ausführung der ihm aufgetragenen Verrichtung, er gehört auch nicht zu dem Kreis der Maßnahmen, die die Ausführung der Verrichtung darstellen. Eifrig handelte daher nur gelegentlich der Verrichtung. Diese Tatbestandsvoraussetzung des § 831 Abs. 1 BGB ist somit nicht erfüllt.

Ergebnis

Da der Sachverhalt nicht alle tatbestandsmäßigen Voraussetzungen des § 831 Abs. 1 BGB erfüllt, kann Reich aus dieser Vorschrift keine Ansprüche gegen Klecks geltend machen.

I. 1. V könnte in Verzug sein.

2. a) K möchte den durch die Verspätung der Leistung entstehenden Schaden ersetzt haben.
b) Schadensersatz (wegen Nichterfüllung) oder Lösung vom Vertrag.

3. a) § 286 I BGB – Ersatz des Verzugsschadens neben dem Erfüllungsanspruch.
b) § 286 II BGB – Ablehnung der Erfüllung; Schadensersatz wegen Nichterfüllung.
c) § 326 BGB – Schadensersatz wegen Nichterfüllung oder Rücktritt.

4. –

5. a) Schuldverhältnis
b) Schaden
c) Verzug

6. Verzug – §§ 284, 285 BGB

7. a) 1. Fälligkeit der Leistung
2. Nichtleistung
3. Mahnung
4. Beachten Sie die Frage 7b!
5. Vertretenmüssen gemäß §§ 276 - 279 BGB

b) Verzug setzt Nachholbarkeit der Leistung voraus.

Merke: Dieses Kriterium ist ***notwendige*** Voraussetzung für das Vorliegen des Schuldnerverzugs und daher stets als Voraussetzung im Rahmen des § 284 BGB zu prüfen.

8. a) ***Fälligkeit*** sofort, § 271 Abs. 1 BGB
b) ***Nichtleistung*** V hat bisher nicht geleistet.
c) ***Mahnung*** K mahnt durch Anruf bestimmt und weist auf Folgen hin.
d) ***Nachholbarkeit*** S könnte den Wagen übergeben; es liegt keine Unmöglichkeit vor.
e) ***Vertretenmüssen gem. § 285 BGB*** Vorsatz gemäß § 276 BGB; V hat wissentlich und willentlich nicht geleistet.

Ergebnis

S ist gemäß §§ 284, 285 BGB in Verzug.

9. V als Schuldner aus einem Kaufvertrag ist mit seiner Leistung gemäß §§ 284, 285 BGB in Verzug geraten und hat dem Gläubiger K den Schaden zu ersetzen, der diesem durch den Verzug entsteht (§ 286 Abs. 1 BGB).

10. a) Sie begründen Schadensersatzansprüche wegen bestimmter von der Rechtsordnung mißbilligter Handlungen.

b) Ein ursächlicher Zusammenhang (Kausalität) und Adäquanz dieser Kausalität.

c) §§ 249 ff BGB

d) Festellung des konkreten Vermögensstandes des Schuldners (also in geschädigtem Zustand).

Festellung des Vermögensstandes, der bestehen würde, wenn der zum Ersatz verpflichtende Umstand (hier die Leistungsverzögerung) nicht eingetreten wäre; also wenn der Schuldner pünktlich geleistet hätte.

Rechnerische Ermittlung der Differenz zwischen den beiden Vermögensständen.

Merke: Der Schadensersatzanspruch nach § 286 Abs. 1 BGB umfaßt nicht den Wert der bisher ausgebliebenen Leistung, sondern will nur die *Folgen der Verspätung* ausgleichen.

11. Die Voraussetzungen des Schadensersatzanspruches nach § 286 Abs. 1 BGB sind, wie oben unter I 9 untersucht, erfüllt.

a) Kausalität

Hätte V die Leistung rechtzeitig erbracht, so hätte K über das Auto verfügen können. Der Provisionsverlust wäre nicht eingetreten.

b) Adäquanz

Es liegt nicht außerhalb der Lebenserfahrung, daß ein Provisionsverlust in dieser Höhe entstehen kann, wenn einem Handelsvertreter während mehrerer Wochen kein Fahrzeug zur Verfügung steht.

c) Schadenshöhe

Die betreffenden Provisionsansprüche hat K nicht erlangt. Sie gehören daher nicht zu seinem konkreten Vermögen. Demgegenüber würden sie zu seinem Vermögen gehören, wenn K durch pünktliche Leistung des V den Wagen zur Verfügung gehabt hätte. Der Schaden besteht daher in der Vermögensdifferenz von DM 1000,–.

d) Art des Ersatzes

Sie richtet sich nach §§ 249 ff BGB. Im vorliegenden Fall kann der Schaden nicht in Natur ersetzt werden, da sich die Abschlüsse und damit die Provisionsansprüche nicht nachholen lassen. Daher ist der Schaden nach § 251 Abs. 1 BGB in Geld zu ersetzen.

Hinweis: Aus der Natur und dem Zweck des vertraglichen Schadensersatzes können sich Abweichungen vom Grundsatz der Naturalrestitution auch in anderen Fällen als denen des § 251 BGB ergeben: In einem späteren Semester nacharbeiten!

12. Ja, der Verzugsschaden tritt neben die Erfüllung.

II. 1. § 326 BGB gilt nur für gegenseitige Verträge, z.B. Kauf, Miete, Werkvertrag, Dienstvertrag.

2. § 326 BGB als speziellere Norm, sie geht der allgemeinen Vorschrift des § 286 Abs. 2 BGB vor.

3. **Voraussetzungen**

a) gegenseitiger Vertrag
b) Schuldnerverzug mit einer Hauptleistungspflicht
c) Fristsetzung mit Ablehnungsandrohung

Rechtsfolge

Rücktritt oder Schadensersatz wegen Nichterfüllung wahlweise.

4. Hauptleistungspflicht
Fristsetzung mit Ablehnungsandrohung

5. Die Hauptleistungspflichten ergeben sich aus dem Parteiwillen. Im Kaufvertrag sind Lieferung der Kaufsache und Kaufpreiszahlung die Hauptleistungspflicht.

6. a) *können Sie den Wagen behalten.*
b) werde ich die Sache meinem Rechtsanwalt übergeben.
c) werde ich die nötigen Maßnahmen ergreifen.
d) *bin ich an der Leistung nicht mehr interessiert.*
e) *werde ich den Vertrag aufkündigen.*

7. Nach Fristablauf werde die Leistung nicht mehr angenommen.

8. Nein, sie ist nur Voraussetzung für die spätere Wahl von Rücktritt oder Schadensersatz an Stelle der Erfüllung.

9.

Gegenseitiger Vertrag	Wie oben bereits geprüft, liegt ein gegenseitiger Vertrag in Form eines Kaufvertrages vor.
Verzug mit einer Hauptleistungspflicht	Die Hauptleistungspflicht des V aus dem Kaufvertrag ist die Lieferung des Kraftfahrzeugs. Mit dieser Leistung ist V, wie oben unter I 8 geprüft, in Verzug geraten.
Nachfristsetzung mit Ablehnungsandrohung	Die briefliche Aufforderung des K zur Lieferung setzt eine angemessene Nachfrist und enthält in dem Hinweis, daß er bei Nichtlieferung das Auto nicht mehr abnehmen werde, eine wirksame Ablehnungsandrohung.

10. Wahlweise Schadensersatz wegen Nichterfüllung oder ein Recht zum Rücktritt.

11. Der Geschädigte kann verlangen, wertmäßig so gestellt zu werden, wie er gestanden hätte, wenn der Vertrag ordnungsgemäß erfüllt worden wäre.

12. a) Austauschtheorie

Das Austauschverhältnis aus dem gegenseitigen Vertrag bleibt bestehen. Im Fall des § 326 Abs. 1 BGB erbringt der Gläubiger des Vertrages seine Gegenleistung und verlangt vom Schuldner vollen Wertersatz für die verzögerte Leistung.

b) Differenztheorie

Der Gläubiger braucht seine Gegenleistung nicht zu erbringen. An die Stelle des Austauschverhältnisses tritt eine einseitige Geldforderung des geschädigten Gläubigers gegen den Schädiger in Höhe der Differenz zwischen dem Wert der verzögerten Leistung und der Gegenleistung.

c) heute h.M.:

Die h.M. neigt heute der Differenztheorie zu, von der nur zwei Ausnahmen gemacht werden:

1. Wenn der Gläubiger ein Interesse hat, seinerseits die Gegenleistung zu erbringen (häufig in Tauschverträgen).
2. Wenn der Gläubiger seinerseits die Gegenleistung bereits erbracht hat.

13. Nach § 327 BGB finden für das Rücktrittsrecht aus § 326 BGB die Vorschriften der §§ 346-356 BGB Anwendung.

14. Lieferung des Wagens

III. Laut Sachverhalt verlangt M von G Ersatz von Mehraufwendungen in Höhe von DM 1000,–, die daraus resultierten, daß G eine Bestellung des M nicht rechtzeitig ausführte und M gezwungen war, sich anderweitig einzudecken. Der vorliegende Anspruch ist auf Schadensersatz wegen Nichterfüllung gerichtet und könnte auf § 326 Abs. 2 i.V. m. Abs. 1 BGB gestützt werden.

1. **Voraussetzungen des § 326 BGB**

A) Gegenseitiger Vertrag
B) Verzug mit einer Hauptleistungspflicht
C) Nachfristsetzung mit Ablehnungsandrohung

2. **Prüfung dieser Voraussetzung**

Zu A) Der vorliegende Vertrag zwischen G und M ist auf Lieferung eines Elektromotors gerichtet und stellt sich als Kaufvertrag gem. § 433 BGB dar. Der Kaufvertrag ist ein gegenseitiger Vertrag, der durch zwei übereinstimmende Willenserklärungen zustandekommt:

1. Antrag: Der Antrag ist in der Bestellung des M zu sehen.
2. Annahme: In der Vereinbarung eines Liefertermins ist die ausdrückliche Annahmeerklärung des G enthalten.
3. Inhaltliche Übereinstimmung: Der Vereinbarung eines Liefertermins muß entnommen werden, daß die Parteien über Leistungsgegenstand und dessen Preis konkrete Absprachen getroffen hatten.

Damit ist ein gegenseitiger Vertrag in der Form eines Kaufvertrages zwischen M und G wirksam zustandegekommen.

Zu B) **Verzug mit einer Hauptleistungspflicht**

1. Hauptleistungspflicht

   Die Lieferung der gekauften Sache – hier der Motor – ist die Hauptleistungspflicht des Verkäufers aus dem Kaufvertrag. Hinsichtlich dieser Leistung – Lieferung des Motors – muß Verzug gegeben sein.

2. Der Tatbestand des Verzuges setzt grundsätzlich nach §§ 284 BGB die Nichterbringung einer möglichen Leistung trotz Fälligkeit und Mahnung voraus. Verschulden des Schuldners richtet sich nach § 285 BGB.

   a) Fälligkeit der Leistung

   Nach der zwischen den Parteien getroffenen Vereinbarung war die Leistung am 20. Juni fällig.

   b) Nichtleistung

   Die Leistung war am vereinbarten Fälligkeitstag noch nicht bewirkt.

   c) Mahnung

   Grundsätzlich kommt der Schuldner nach § 284 Abs. 1 S. 1 BGB nur durch Mahnung in Verzug. Eine Mahnung ist zwar in diesem Fall nicht erfolgt, sie ist hier aber auch entbehrlich, da eine gesetzliche Ausnahmeregelung eingreift. Nach § 284 Abs. 2 S. 1 BGB ist eine Mahnung für den Fall entbehrlich, daß für die Leistung eine Zeit nach dem Kalender bestimmt ist. Dies trifft hier zu, da die Parteien den Liefertermin für den 20. 6. kalendermäßig festgelegt hatten.

d) Nachholbarkeit der Leistung

Die geschuldete Leistung ist nachholbar, denn G könnte nach dem 15. Juli liefern. Damit liegt keine Unmöglichkeit vor, sondern nur Leistungsverzögerung.

e) Vertretenmüssen

Nach § 285 BGB wird zunächst vermutet, daß der Schuldner die Leistungsverzögerung zu vertreten hat, es sei denn, er kann sich von seiner Vertretungspflicht entlasten. Da der Sachverhalt keinen Hinweis auf eine Entlastungsmöglichkeit des G enthält, greift die Vermutung des § 285 ein. G hat den Verzug zu vertreten.

Da alle Voraussetzungen der §§ 284, 285 BGB erfüllt sind, ist G mit der Lieferung des Motors in Verzug geraten.

Zu C) **Nachfristsetzung mit Ablehnungsandrohung**

Nach § 326 Abs. 1 S. 2 2. Halbsatz müßte M dem G eine angemessene Nachfrist zur Bewirkung der Leistung einräumen und darauf hinweisen, daß er nach Fristablauf die Annahme der Leistung verweigere.

Eine derartige Nachfristsetzung mit Ablehnungsandrohung ist laut Sachverhalt unterblieben. Jedoch könnte diese Nachfristsetzung aus § 326 Abs. 2 BGB entbehrlich sein, wenn M an der Erfüllung des Vertrages durch G *infolge des Verzugs* kein Interesse mehr haben würde.

Der Interessenwegfall ist an den Umständen des vorliegenden Falles zu messen. Voraussetzung ist jedenfalls, daß gerade der Verzug die adäquate Ursache des Interessenwegfalls ist. Da M sich vertraglich verpflichtet hat, seinem Kunden die Presse am 1. Juli betriebsbereit zu liefern, hat er an der Zulieferung des Motors durch G nach dem 15. Juli kein Interesse mehr. Der Verzug des G hat dabei den Interessenwegfall bei M adäquat herbeigeführt. Es bedarf daher im vorliegenden Fall gemäß § 326 Abs. 2 2. Halbsatz keiner Nachfristsetzung.

3. **Folge**

Alle Voraussetzungen des § 326 BGB sind durch den Sachverhalt erfüllt, also stehen M die Rechte aus § 326 Abs. 1 BGB zu. Er könnte vom Vertrag zurücktreten oder Schadensersatz wegen Nichterfüllung geltend machen. Der Erfüllungsanspruch ist ausgeschlossen.

Da M im vorliegenden Fall Schadensersatz wegen Nichterfüllung geltend macht, bemißt sich der Inhalt dieses Schadensersatzanspruchs nach der Differenztheorie. Die Differenz ergibt sich aus dem Betrag, den M für den Deckungskauf aufwenden mußte und dem ersparten Kaufpreis. Diese Differenz beträgt laut Sachverhalt DM 1000,–.

M kann aufgrund § 326 Abs. 2 BGB von G Schadensersatz in Höhe dieser DM 1000,– verlangen.

I. 1. a) Auf § 433 Abs. 2 BGB

b) Zwischen R und K müßte ein gültiger Kaufvertrag bestehen.

c) § 306 BGB.

Voraussetzungen
Schuldrechtlicher Vertrag
Anfängliche Unmöglichkeit

Folge
Nichtigkeit des Vertrages

d) R und K haben sich über alle Vertragspunkte des Kaufs geeinigt. Der Kaufvertrag verpflichtet die beiden Parteien zu Leistungen und ist daher ein schuldrechtlicher Vertrag im Sinne des § 305 BGB.

e) 1) Feststellung, worin die Leistung bestehen soll.

2) Prüfung, ob diese Leistung im maßgeblichen Zeitpunkt oder später von irgend jemand erbracht werden kann. Ist dies nicht der Fall, so liegt (objektive) Unmöglichkeit dieser Leistung vor.

f) Die Leistung bestand in der Übereignung und Übergabe (§ 433 Abs. 1 S. 1 BGB) eines bestimmten lebenden Pferdes (Stückschuld). Dieses Pferd lebt nicht mehr. Also ist diese Leistung niemandem mehr möglich. Die von R angebotene Ersatzleistung eines gleichwertigen Pferdes ist eine andere Leistung als die geschuldete. Somit liegt objektive Unmöglichkeit vor.

g) R könnte von K nach § 433 Abs. 2 BGB Zahlung des vereinbarten Kaufpreises verlangen, wenn er mit K einen gültigen Kaufvertrag abgeschlossen hätte. Die zum Vertragsschluß erforderlichen Willenserklärungen (Antrag und Annahme) wurden von K und R abgegeben. Der Kaufvertrag wäre aber nach § 306 BGB nichtig, wenn die Leistung von Anfang an unmöglich war. Die Leistung bestand in der Übereignung und Übergabe eines bestimmten lebenden Pferdes. Da dieses nicht mehr lebte, konnte schon bei Vertragsabschluß niemand die vereinbarte Leistung des R erbringen; sie war anfänglich objektiv unmöglich. Daher ist der Vertrag von Anfang an nichtig. R kann von K nicht die Zahlung des Kaufpreises verlangen.

2. (1) *Auf eine unmögliche Leistung gerichteter Vertrag*	siehe oben I. 1. g)
(2) *Kennen oder kennenmüssen der Unmöglichkeit*	R kannte zwar die Unmöglichkeit (Verenden des Pferdes) nicht, jedoch tritt die Schadensersatzpflicht auch dann ein, wenn R sie kennen muß. Nach der gesetzlichen Definition des § 122 Abs. 2 BGB mußte R die Unmöglichkeit kennen, wenn sie ihm nur infolge von Fahrlässigkeit unbekannt geblieben war. Fahrlässig handelt nach § 276 Abs. 1 S. 2 BGB, wer die im Verkehr erforderliche Sorgfalt außer acht läßt. R hätte, da ihm die Krankheit bekannt war, sich vor Abschluß des Vertrages erkundigen müssen, wie es dem Tier geht. Da er dies nicht getan hat, hat er die im Verkehr erforderliche Sorgfalt nicht beachtet. Nach § 307 i.V. § 122 Abs. 2 BGB mußte er die Unmöglichkeit kennen.
(3) *Schaden*	K mußte Miete zahlen, ohne dafür einen für ihn brauchbaren Gegenwert zu erhalten; dadurch wurde sein Vermögen geschädigt.
(4) *Vertrauen auf die Gültigkeit des Vertrages*	K mietete den Stall, weil er glaubte, Anspruch auf Lieferung des Pferdes zu haben.
(5) *Adäquate Kausalität zwischen Vertrauen und Schaden*	Ohne das Vertrauen auf den Vertrag hätte K den Stall nicht gemietet, hätte also keine Miete zu zahlen brauchen. Dieser Kausalvorgang liegt auch im Bereich der Lebenserfahrung.

Ergebnis

R hat dem K die umsonst aufgewendete Miete zu ersetzen.

3. Der Schaden ist nicht durch das Vertrauen auf die Gültigkeit des Kaufvertrages verursacht. Vielmehr hat K das Pferd gekauft, weil er wußte, daß der Vertrag nicht ausgeführt werden konnte. Der Schaden ist also kein Vertrauensschaden. Er wird nicht von der Ersatzpflicht des § 307 BGB erfaßt.

Hinweis: Versuchen Sie, anhand eines Lehrbuches den Unterschied zwischen Ersatz des Vertrauensschadens und Schadensersatz wegen Nichterfüllung näher zu klären.

II. 1. **Vorsatz**

Eine wissentlich oder willentlich auf den Erfolg (z.B. Leistungsverzögerung oder Unmöglichkeit) gerichtete *Handlung.*

Fahrlässigkeit

Eine *Handlung* (positives Tun oder Unterlassen), die im Hinblick auf den zu erwartenden Erfolg nicht die im Verkehr erforderliche Sorgfalt erfüllt.

2. Eine Leistungsbefreiung könnte sich aus § 275 Abs. 1 BGB ergeben. Voraussetzungen des § 275 Abs. 1 BGB:

(1) *Unmöglichkeit der Leistung*	Die Leistung bestand in der Übereignung und Übergabe (§ 433 Abs. 1 S. 1 BGB) des betreffenden lebenden Pferdes. Durch das Verenden des Pferdes ist niemand mehr imstande, sie zu erbringen, sie ist also (objektiv) unmöglich. (Stückschuld)
(2) *Nachträglich nach Entstehen des Schuldverhältnisses*	Das Schuldverhältnis, auf dem die Leistungspflicht beruht, ist hier der Kaufvertrag. Es entstand also mit dem Abschluß. Das Pferd verendete später, also nach Entstehung des Schuldverhältnisses.
(3) *Vom Schuldner nicht zu vertretender Umstand als Ursache der Unmöglichkeit*	Der Schuldner hat nach §§ 276, 278 BGB eigenes Verschulden und Verschulden seiner Erfüllungsgehilfen zu vertreten. Hier war offenbar kein Handeln (Tun oder Unterlassen) eines Menschen für das Verenden des Pferdes ursächlich. Eine von R zu vertretende, schuldhafte Handlung liegt somit nicht vor, kann also auch nicht Ursache der Unmöglichkeit sein. (Siehe oben Frage 1.)

Somit sind die Voraussetzungen des § 275 Abs. 1 BGB gegeben. R wird von der Verpflichtung zur Leistung befreit.

Hinweis: Der Schuldner wird nicht in jedem Fall des § 275 BGB gänzlich frei; vielmehr kann § 281 BGB eingreifen. Klären Sie dies anhand eines schuldrechtlichen Lehrbuches.

3. a) § 323 Abs. 1, 1. Hs. BGB. Diese Bestimmung ordnet die Folge an, daß der „andere Teil" den Anspruch auf die Gegenleistung verliert. Der andere Teil ist der, der dem zur Leistung Verpflichteten im Vertrag gegenüber steht, also der Gläubiger der unmöglich gewordenen Leistung. Die Gegenleistung ist beim Kauf die Kaufpreiszahlung. § 323 Abs. 1 BGB ordnet also, auf Kaufverträge angewandt, an, daß der Verkäufer in bestimmten Fällen der Unmöglichkeit seiner Lieferungspflicht den Anspruch auf den Kaufpreis verliert. Dies aber entspricht in abstrakter Form der eingangs gestellten Frage.

b) (1) *Gegenseitiger Vertrag*	Der hier vorliegende Kaufvertrag ist ein gegenseitiger Vertrag, da er gemäß § 433 BGB einander bedingende Leistungspflichten schafft (Synallagma).
(2) *Nachträgliche Unmöglichkeit der Leistung (Hauptleistungspflicht)*	Siehe zur Unmöglichkeit die Erörterung zu § 275 BGB. Die Lieferpflicht aus § 433 Abs. 1 BGB ist Hauptleistungspflicht.
(3) *Von keinem Teil zu vertretender Umstand als Ursache der Unmöglichkeit*	Daß die Unmöglichkeit von R nicht zu vertreten ist, wurde oben unter II. 2. zu § 275 BGB bereits begründet. Auch K hat keine Ursache für die Unmöglichkeit gesetzt.

R hat keinen Anspruch auf Zahlung des Kaufpreises, da nach § 323 BGB sein Anspruch auf die Gegenleistung entfällt.

4. § 275 BGB bestimmt, wann der Schuldner der unmöglich gewordenen Leistung von der Leistungspflicht befreit wird.

   § 323 BGB bestimmt, wann der Gläubiger der unmöglich gewordenen Leistung von der aus einem gegenseitigen Vertrag begründeten Gegenleistungspflicht befreit wird.

5. a) **nein**

   § 323 Abs. 1 BGB setzt außer der nachträglichen Unmöglichkeit der Leistung immer voraus, daß beide Partner die Unmöglichkeit nicht zu vertreten haben, mindestens also auch, daß der Schuldner sie nicht zu vertreten hat, daher muß, wenn § 323 Abs. 1 BGB gelten soll, mindestens auch § 275 BGB erfüllt sein.

   b) **ja**

   aa) wenn die Leistungspflicht nicht auf einem gegenseitigen Vertrag beruht;

   bb) wenn die Erfüllung einer Nebenleistungspflicht aus gegenseitigem Vertrag unmöglich wird;

   cc) wenn der Gläubiger die Unmöglichkeit zu vertreten hat.

6. zu aa) Weil es keine Gegenleistung gibt, kann über sie nicht entschieden werden.

   zu bb) Zwar besteht eine Gegenleistungspflicht; sie steht aber nicht im Gegenseitigkeitsverhältnis zur unmöglich gewordenen Nebenpflicht.

   zu cc) Weil § 324 Abs. 1 BGB diese Fälle besonders regelt.

III. 1. nur § 325 BGB

   § 325 regelt den gleichen Fragenkomplex wie § 280 BGB, aber speziell für die Hauptpflichten aus gegenseitigen Verträgen. Daher geht § 325 BGB als speziellere Norm dem § 280 BGB vor.

2. (1) Gegenseitiger Vertrag

   (2) Unmöglichkeit der Hauptleistung

   (3) Vom Schuldner zu vertretender Umstand als Ursache der Unmöglichkeit

3. a) nach § 276 BGB eigenen Vorsatz und eigene Fahrlässigkeit. Nach § 278 BGB Vorsatz und Fahrlässigkeit seiner Erfüllungsgehilfen und gesetzlichen Vertreter.

   b) nach § 276 BGB eigenen Vorsatz und eigene Fahrlässigkeit. Nach § 278 BGB Vorsatz und Fahrlässigkeit der Erfüllungsgehilfen und gesetzlichen Vertreter. Nach § 279 BGB im Sonderfall des Unvermögens auch alle unverschuldeten Umstände.

4. (1) Ein vorher bestehendes Schuldverhältnis.

   (2) Handeln einer anderen Person als der des Schuldners.

   (3) Daß der Schuldner sich dieser Person zur Erfüllung seiner Verpflichtung bedient.

   (4) Daß die betreffende Handlung in Erfüllung (nicht nur bei Gelegenheit) dieser Verbindlichkeit geschieht.

   (5) Schuldfähigkeit

   (6) Schuldform

   Hinweis: Wie bei eigenem Handeln des Schuldners sind auch bei Erfüllungsgehilfen noch die Vertragswidrigkeit des Handelns, seine Kausalität für den Erfolg (hier: für die Unmöglichkeit) und Verschulden zu prüfen.

5. Die Voraussetzungen eines gegenseitigen Vertrages und der Unmöglichkeit einer Hauptleistung liegen hier in gleicher Weise wie im Fall II. vor. Fall III. weicht jedoch von Fall II. in der Ursache der Unmöglichkeit ab. Daher ist besonders zu prüfen, ob diese Ursache ein vom Schuldner zu vertretender Umstand war.

   (1) Eine eigene schuldhafte Haftung (§ 276 BGB) des R als Ursache der Unmöglichkeit scheidet hier aus.

   (2) R könnte aber das Handeln des E als Erfüllungsgehilfen nach § 278 BGB zu vertreten haben. R hatte aus dem Kaufvertrag die Nebenpflicht, die verkaufte Sache bis zur Übergabe sorgfältig zu verwahren. Zur Erfüllung dieser Verpflichtung hat sich der R des E bedient. Das Überanstrengen des Pferdes beim Ausritt geschah auch in Erfüllung dieser Pflicht. Daher hat R das Verhalten des E wie eigenes zu vertreten.

   (3) Das Verhalten des E war für das Verenden des Pferdes und damit für die Unmöglichkeit kausal; ohne dieses Verhalten würde das Pferd noch leben, R könnte seiner Lieferpflicht nachkommen. Der Kausalverlauf entsprach auch durchaus der Lebenserfahrung.

(4) Das Überanstrengen des Pferdes verstieß gegen die im Verkehr erforderliche Sorgfalt. E hätte erkennen müssen, daß er dem Pferd zuviel zumutete.

Somit hat R die Unmöglichkeit nach §§ 278, 276 BGB zu vertreten. Die Voraussetzungen des § 325 BGB liegen vor.

6. (1) Rücktritt

(2) Schadensersatz wegen Nichterfüllung

(3) Nichtbewirken der Gegenleistung nach §§ 325 Abs. 1 S. 3, 323 Abs. 1 BGB.

(4) Geltendmachung etwaiger Ansprüche aus § 281 BGB bei (teilweiser) Bewirkung der Gegenleistung nach §§ 325 Abs. 1 S. 3, 323 Abs. 2 BGB.

7. Der Anspruch auf Schadensersatz wegen Nichterfüllung. Nach § 249 BGB und der Differenztheorie (siehe oben Übung 9) kann er Ersatz der Mehrkosten für das Ersatzpferd, also DM 2 000,– verlangen. Die anderen Möglichkeiten geben ihm keinen Anspruch auf Schadensersatz und sind daher im vorliegenden Fall ungünstiger.

I. 1. Auf § 325 Abs. 1 BGB

2. Ja, da die vereinbarte Leistung (Lieferung der betreffenden Menge von Filmen der Gattung XY) von niemandem erbracht werden kann.

3. Am Vertretenmüssen. Den V trifft, da die Produktion überraschend eingestellt worden ist, kein Verschulden nach § 276 BGB. § 279 BGB greift nicht ein, da zwar Gattungsschuld, aber kein Unvermögen, sondern objektive Unmöglichkeit vorliegt.

II. 1. Es liegt keine objektive, sondern subjektive Unmöglichkeit (Unvermögen) vor.

2. K könnte von V Ersatz seines entgangenen Gewinns nach § 325 Abs. 1 BGB verlangen. Zwischen beiden wurde ein Kaufvertrag, also ein gegenseitiger Vertrag, geschlossen. Aus diesem Vertrag war V nach § 433 Abs. 1 S. 1 BGB verpflichtet, den vereinbarten Posten Filme der Gattung XY an K zu liefern. Diese Lieferung – Gegenstand der Hauptleistungspflicht des V – ist ihm durch die Produktionseinstellung unmöglich geworden. Da andere Händler noch liefern können, liegt keine objektive Unmöglichkeit, sondern Unvermögen vor. Dieses ist in § 275 Abs. 2 BGB der objektiven Unmöglichkeit gleichgestellt.

Die Haftung nach § 325 Abs. 1 BGB erfordert weiterhin, daß der Schuldner die Unmöglichkeit zu vertreten hat. §§ 276, 278 BGB scheiden von vornherein aus, da kein Verschulden des V oder eines Gehilfen aus dem Sachverhalt entnommen werden kann. Nach § 279 BGB hat der Schuldner jedoch sein Unvermögen bei einer Gattungsschuld auch dann zu vertreten, wenn ihm kein Verschulden zur Last fällt. Da hier Gattungsschuld und Unvermögen zugleich vorliegen, hat V auch die für ihn zufällige Produktionseinstellung zu vertreten. Er haftet daher dem K auf Schadensersatz wegen Nichterfüllung.

Der Schadensersatzanspruch umfaßt nach §§ 249, 252 BGB den entgangenen Gewinn und ist nach der Differenztheorie zu ersetzen.

III. 1. In § 243 Abs. 1 BGB

2. Nach § 243 Abs. 2 BGB durch Konkretisierung (Konzentration).

3. **Voraussetzungen**

Die Erfüllung ist nach § 362 Abs. 1 BGB die (vollständige) Bewirkung der Leistung. Diese besteht beim Gattungskauf in der Bewirkung eines Erfolges: Geschuldet wird das Verschaffen von Eigentum und Besitz an einer vereinbarten Menge von Sachen der vereinbarten Gattung.

Die Konkretisierung hängt nach § 243 Abs. 2 BGB davon ab, ob der Schuldner das seinerseits Erforderliche *getan* hat. Die Konkretisierung tritt also schon ein, wenn der Schuldner alle Tätigkeiten vollbracht hat, die er schuldet, und zwar auch dann, wenn der Erfolg noch nicht eingetreten ist.

Wirkungen

Die Erfüllung bewirkt Erlöschen der Gattungsschuld, die Konzentration nur ihre Umwandlung in eine Stückschuld.

4. Bei der *Holschuld* ist der Schuldner nur zur Bereitstellung des Leistungsgegenstandes an seinem Wohnort (Erfüllungsort) verpflichtet.

Bei der *Bringschuld* ist der Schuldner verpflichtet, den Gegenstand an den Wohnsitz des Schuldners als Erfüllungsort zu bringen.

Bei der *Schickschuld* ist der Schuldner verpflichtet, den Gegenstand an seinem Wohnsitz (Erfüllungsort) durch Übergabe an einen Frachtführer oder eine ähnliche Person an den Gläubiger abzuschicken.

5. Nein, er besteht in jedem Fall in Übereignung und Übergabe der geschuldeten Sache.

6. Bei der Holschuld mit der Bereitstellung der ausgesonderten Stücke zur Abholung;

bei der Bringschuld mit dem Verbringen an den Wohnsitz des Gläubigers;

bei der Schickschuld mit dem Absenden an den Gläubiger von seinem Wohnsitz aus.

7. Die ursprüngliche Gattungsschuld war Holschuld. Da die Tätigkeitspflicht des V sich auf das Bereitstellen beschränkt, hat er damit das seinerseits Erforderliche getan; er schuldet nach § 243 Abs. 2 BGB nunmehr die speziell ausgesuchten 10 Fahrzeuge.

IV. A. Anspruchsgrundlage: § 433 Abs. 1 S. 1 BGB

1. **Entstehung des Anspruchs**

Der Anspruch setzt den wirksamen Abschluß eines Kaufvertrages voraus.

a) *Antrag*

Die Versendung der Weinpreisliste von Wolf an Gaul könnte als Antrag betrachtet werden. Dazu müßte man in dieser Übersendung eine Willenserklärung sehen, die bereits einen Bindungswillen des Wolf enthielte. Ferner müßte die in der Übersendung liegende Willenserklärung so bestimmt sein, daß ihre bloße Bejahung zur Einigung über Inhalt und Gegenstand des Vertrages genügte. In der Übersendung der Weinpreisliste liegt jedoch kein genügend bestimmter Antrag, da in ihr nur sämtliche lieferbaren Weinsorten mit Preisen aufgeführt werden. Dieses Angebot soll gewiß auch nicht in der Weise bindend sein, daß Wolf ohne Rücksicht auf irgendwelche Umstände den Empfängern der Listen beliebige Mengen seiner Weine liefern will. Somit liegt in der Übersendung der Liste kein Angebot, sondern nur die Aufforderung an Gaul seinerseits Angebote abzugeben.

Ein Antrag könnte jedoch in der Bestellung des Gaul gesehen werden. Diese war so formuliert, daß sie mit einem bloßen Ja angenommen werden konnte. Ein Wille zur Bindung an den Antrag war vorhanden. Der Antrag ist gemäß § 130 Abs. 1 S. 1 BGB durch Zugang wirksam geworden.

b) *Annahme*

Da Wolf den Antrag ausdrücklich schriftlich angenommen hat, liegt auch die Annahmeerklärung vor. Auch diese ist offenbar durch Zugang bei Gaul wirksam geworden.

2. **Erlöschen des Anspruchs**

Gaul könnte von Wolf (Nach-)Lieferung verlangen, wenn der nach § 433 Abs. 1 S. 1 BGB begründete Lieferungsanspruch nicht erloschen wäre.

a) *§ 362 BGB Erfüllung*

Der Lieferungsanspruch wäre erloschen, wenn er gemäß § 362 Abs. 1 BGB erfüllt wäre. Dies wäre der Fall, wenn die geschuldete Leistung an den Gläubiger Gaul bewirkt worden wäre.

Wolf schuldete nach § 433 Abs. 1 S. 1 BGB Übereignung und Übergabe von 200 Flaschen der bestellten Weinsorte. Hinsichtlich der angekommenen 150 ganzen Flaschen hat Gaul den Besitz nach § 854 BGB durch Erlangung der tatsächlichen Gewalt erhalten. Da auch die Einigung vorliegt, ist das Eigentum an diesen Flaschen gemäß § 929 S. 1 BGB auf Gaul übergegangen. Da Wolf die Teilleistung angenommen hat, ist sie insoweit wirksam erbracht, der Lieferungsanspruch in diesem Umfang erloschen.

Hinsichtlich der zerbrochenen Flaschen fehlt es an der Besitzerlangung des G, da dieser den Wein nicht erhalten hat. Damit fehlt es zugleich an der Übereignung nach § 929 S. 1 BGB, die Erlangung des unmittelbaren Besitzes voraussetzt. Somit ist im Umfang der zerbrochenen 50 Flaschen der Kaufvertrag nicht erfüllt, der Anspruch auf Lieferung der restlichen Flaschen nicht nach § 362 BGB erloschen.

b) *§ 275 BGB Nicht zu vertretende Unmöglichkeit*

W könnte durch § 275 BGB von der Leistungspflicht befreit sein.

aa) Unmöglichkeit im Sinne des § 275 BGB läge vor, wenn die Erfüllung der Leistungspflicht des Wolf entweder niemandem (§ 275 Abs. 1 BGB, objektive Unmöglichkeit) oder aber speziell Wolf (§ 275 Abs. 2 BGB, Unvermögen) nicht mehr möglich wäre.

Liegt Stückschuld vor, dann existieren die speziell geschuldeten Flaschen Wein nicht mehr, die Erfüllung ist unmöglich geworden. Bei einer Gattungsschuld dagegen wäre die Erfüllung dem Wolf noch möglich. Maßgeblich ist hier § 243 Abs. 2 BGB. War nach dieser Vorschrift vor Schadenseintritt die Konkretisierung eingetreten, also aus der anfänglichen Gattungsschuld eine Stückschuld geworden, so ist die Erfüllung unmöglich geworden. Entscheidend ist, was Wolf als Schuldner als das „seinerseits Erforderliche" tun mußte. Handelt es sich um eine Bringschuld, so gehörte auch das Hinbringen zu Gaul mit zum Schuldinhalt. Bei der Schickschuld dagegen brauchte er nur die ordentliche Versendung vorzunehmen. Der entscheidende Unterschied zwischen Bringschuld und Schickschuld liegt im Leistungsort. Liegt dieser am Wohnsitz des Schuldners, so liegt jedenfalls keine Bringschuld, sondern allenfalls eine Schick- oder Holschuld vor. Für den Leistungsort ist § 269 Abs. 1 BGB maßgeblich. Danach ist es den Parteien zunächst möglich, den Leistungsort besonders zu vereinbaren. In unserem Fall wurde der Kaufvertrag auf der Basis einer Weinpreisliste abgeschlossen, die eine Klausel über den Erfüllungsort enthielt. Die auf dieser Basis abgeschlossenen Verträge müssen so ausgelegt werden, daß die in der Preisliste angegebenen Bedingungen zum Inhalt dieser Verträge gemacht werden. Mangels gegenteiliger Äußerungen des Gaul ist somit Neustadt als Leistungsort vereinbart worden. Danach lag keine Bringschuld vor. Die Tätigkeitspflichten des Verkäufers Wolf beschränkten sich auf ordnungsgemäße Verpackung, Bezeichnung und Übergabe der Kisten an die Bahn. Mit der ordnungsgemäßen Erfüllung dieser Handlungspflichten, an der sich aus dem Sachverhalt keine Zweifel ergeben, hat Wolf das seinerseits Erforderliche getan. Im Augenblick der Einlieferung bei der Bahn war somit die Schuld konkretisiert. Sie war im Augenblick des Schadens also bereits Stückschuld. Damit trat beim Zerbrechen der Flaschen Unmöglichkeit ein.

bb) *Nachträglichkeit*

Da das Schuldverhältnis (Kaufvertrag) bereits vorher begründet war, ist die Unmöglichkeit auch eine nachträgliche.

cc) *Vertretenmüssen*

Die Befreiungswirkung des § 275 BGB tritt nur ein, wenn Wolf als Schuldner die Unmöglichkeit nicht zu vertreten hat. Wolf hat zu vertreten:

aaa) nach § 276 BGB sein eigenes Verschulden. Da er ordnungsgemäß verpackt, bezeichnet und abgeliefert hatte, hat der die im Verkehr erforderliche Sorgfalt (handelsübliche Verpackung) beachtet. Es liegt kein Verschulden vor.

bbb) Nach § 278 BGB hat er auch Verschulden seiner Gehilfen zu vertreten. In Frage käme hier nur das Verschulden des Lokführers. Weder der Lokführer noch die Bahn sind aber Erfüllungsgehilfen des Wolf, weil dieser nicht zum Transport, sondern nur zur Absendung verpflichtet war. Damit bediente er sich weder der Bahn noch des Lokführers zur Erfüllung seiner Pflichten.

ccc) § 279 BGB findet keine Anwendung, da bei Eintritt der Unmöglichkeit keine Gattungsschuld mehr vorlag.

Somit hat Wolf die Unmöglichkeit nicht zu vertreten. Er wird nach § 275 BGB von der Leistungspflicht frei.

B. 1. **Begründung des Kaufpreisanspruchs**

Der Kaufpreisanspruch ergibt sich aus § 433 Abs. 2 BGB. Jedoch könnte der Käufer Gaul von der Pflicht zur Zahlung des Restkaufpreises deshalb befreit sein, weil er den Anspruch auf Nachlieferung verloren hat. Die Frage entschiede sich, wenn keine kaufrechtlichen Sonderregelungen bestünden, nach § 323 BGB. Danach würde der Schuldner der unmöglich gewordenen Leistung den Anspruch auf die Gegenleistung (hier Kaufpreisanspruch) verlieren. Jedoch gelten hier die §§ 446, 447 BGB als leges speciales. Als solche schließen sie § 323 BGB in ihrem Geltungsbereich aus. Da § 447 BGB gegenüber § 446 BGB die speziellere Vorschrift ist (sie behandelt nur einen besonderen Fall des Kaufs), ist zunächst zu prüfen, ob die Voraussetzungen dieser Vorschrift vorliegen.

a) *Versendung an einen anderen Ort als den Erfüllungsort*

Erfüllungsort ist laut Vereinbarung Neustadt. Da die Ware von dort nach Nürnberg versandt wurde, ist die Voraussetzung der Versendung an einen anderen Ort gegeben.

b) *Auf Verlangen des Käufers*

Da Gaul ausdrücklich die Versendung gewünscht hat, liegt auch dies vor.

c) *Gefahr des zufälligen Untergangs (§ 446 BGB)*

Es handelt sich um einen weder vom Käufer noch vom Verkäufer zu vertretenden Untergang eines Teils der Kaufsache. Vom Standpunkt der Vertragspartner des Kaufvertrages ist das Verschulden eines am Vertrag nicht beteiligten Dritten (des Lokführers), der auch nicht Erfüllungsgehilfe einer Partei ist, Zufall.

d) *Zeitpunkt des Gefahrüberganges*

Er lag bei der Auslieferung der Flaschen an die Bahn, die eine zur Ausführung der Versendung bestimmte Anstalt ist.

Somit war die Preisgefahr im Augenblick des Schadens bereits auf Gaul übergegangen. Dies bedeutet, daß er das Preisrisiko aus der Nichtlieferung zu tragen hat. Er ist somit, obwohl er die Ware nicht erhalten hat, zur Gegenleistung, d.h. zur Zahlung des Kaufpreises, verpflichtet.

Ergebnis

Wolf braucht nicht nachzuliefern, Gaul ist gleichwohl zur Zahlung verpflichtet.

I. 1. Verzug scheitert an der *rechtzeitigen* Vertragserfüllung; auch Schlechterfüllung ist im Sinne des BGB Erfüllung gemäß § 362 BGB.

Unmöglichkeit ist nicht gegeben, da der Vertrag *erfüllt* wurde.

2. Nein, das Gesetz weist hier eine Lücke auf.

3. Durch diese Normen werden zu vertretende Pflichtverletzungen bei der Abwicklung von Schuldverhältnissen erfaßt und die Folgen dieser Pflichtverletzungen geregelt.

4. –

5. Zu 4a) Da es sich um eine nicht ordnungsgemäße Erfüllung eines Schuldverhältnisses handelt (Leistungsstörung), ist erste Grundlage das Bestehen eines schuldrechtlichen Anspruchs (Forderung). Gegebenenfalls ergibt sich die Forderung aus einem schuldrechtlichen Vertrag, z.B. im Ausgangsfall Kaufvertrag.

Zu 4b) Die positive Forderungsverletzung ist ein durch Analogie aus Verzug und Unmöglichkeit entwickeltes Rechtsinstitut. Wenn die betreffenden zur Analogie verwendeten Regeln direkt passen, scheidet die Analogie aus.

Zu 4c) aa) *Schlechterfüllung der Hauptpflicht*

Beispiel: Der Dienstverpflichtete (Arbeitnehmer) beschädigt durch unsorgfältiges Fahren den ihm anvertrauten Lkw des Dienstberechtigten (Arbeitgeber). (Schlechterfüllung des Dienstvertrages)

Hinweis: Schlechterfüllung der Hauptpflicht ist sehr oft auch Verletzung einer vertraglichen Nebenpflicht.

bb) *Nichterfüllung einer sich aus dem Schuldverhältnis ergebenden Nebenverpflichtung*

Beispiel: Der Verkäufer eines Industrieprodukts klärt den Käufer nicht über die mit seiner Anwendung verbundenen Gefahren auf (Verletzung der Aufklärungspflicht).

Merke: Durch das Schuldverhältnis, insbesondere durch den schuldrechtlichen Vertrag, werden schuldrechtliche Treue-, Schutz- und Fürsorgepflichten gegenüber dem Gläubiger (Vertragspartner) erzeugt. Ihre Verletzung ist regelmäßig positive Forderungsverletzung.

Zu 4d-f) In Verbindung mit §§ 276, 278 BGB knüpfen die §§ 280, 286, 325, 326 BGB die Folgen der Leistungsstörung an ein Verschulden. Schuldhaft kann aber nur eine Handlung sein. Adäquate Kausalität ist zu prüfen, weil der Schädiger nur den Schaden vertreten soll, für den sein Handeln ursächlich war und der nicht infolge außergewöhnlicher Umstände eingetreten ist.

6. a) Schadensersatz analog § 286 I BGB. Dabei geht der Schadensersatzanspruch auf Wiederherstellung des wirtschaftlichen Zustandes, der bestehen würde, wenn die Pflichtverletzung nicht erfolgt wäre. Daneben kann die Leistung gefordert werden.

b) Schadensersatz wegen Nichterfüllung, *wenn wegen der pVV bei dem Gläubiger das Interesse an der Leistung weggefallen ist,* analog §§ 286 II 1, 280 1, 325 I 2, 326 II BGB. Der Anspruch auf Schadensersatz tritt an die Stelle des Erfüllungsanspruchs.

c) Rücktritt bei gegenseitigen Verträgen, wenn dem Gläubiger die Fortsetzung des Vertrages nicht mehr zugemutet werden kann, analog §§ 325, 326 BGB.

7. a) *Forderung* — H ersteht von W. Aus dem Ausdruck „ersteht" ist der wirksame Abschluß eines Kaufvertrags gemäß § 433 BGB zu entnehmen. Gemäß § 433 Abs. 1 BGB hat aus diesem Kaufvertrag H einen Anspruch auf Übergabe des Bullen und Eigentumsverschaffung gegen W.

b) *Subsidiarität* — Da W seine Leistung rechtzeitig erbringt, liegt weder Verzug noch Unmöglichkeit vor. Sachmängelhaftung scheidet gemäß §§ 481, 482 i.V. VO v. 27. 3. 1899 aus.

c) *Objektive Leistungsstörung*

W lieferte einen verseuchten Bullen. Er hat damit sowohl seine Hauptleistungspflicht schlecht erfüllt, als auch eine aus dem Schuldverhältnis entspringende Sorgfaltspflicht verletzt.

d) *Vertretenmüssen*

Nach §§ 276, 278 BGB hat W eigenes und das Verschulden eines Erfüllungsgehilfen zu vertreten. Hier hat W innerhalb eines Schuldverhältnisses (vgl. oben Kaufvertrag gemäß § 433 BGB) selbst gehandelt. An seiner Schuldfähigkeit läßt der Sachverhalt keinen Zweifel. Als Schuldform kommt die Fahrlässigkeit gemäß § 276 Abs. 1 S. 2 in Betracht. Wer trotz öffentlicher Warnungen vor Tierseuchen ein zu verkaufendes Tier nicht auf Symptome der Seuche untersucht, läßt die im Verkehr erforderliche Sorgfalt außer acht. Daher hat W die Leistungsstörung gemäß § 276 Abs. 1 BGB zu vertreten.

e) *Kausalität*

Die vertragswidrige Schlechterfüllung und die Schadensfolge sind auf das fahrlässige Unterlassen des W zurückzuführen.

f) *Adäquanz*

Der Kausalverlauf entspricht auch der allgemeinen Lebenserfahrung.

Folge

Es stehen dem H also die Rechte zu, die sich aus der analogen Anwendung der §§ 280, 286, 325 und 326 BGB ergeben.

8. Schema aus oben 6a–c. Am günstigsten wird hier Schadensersatz wegen Nichterfüllung sein. Rücktritt würde dem Käufer keinen Schadensersatz geben; Schadensersatz analog § 286 Abs. 1 BGB würde das Erfüllungsinteresse nicht umfassen. Daher ist die beste Lösung Schadensersatz wegen Nichterfüllung.

II. 1. Bei der Untersuchung des „Vertretenmüssens" ist nicht auf ein Verschulden des Wichtig (eigenes Verschulden § 276 BGB), sondern auf das Verschulden eines Erfüllungsgehilfen gemäß § 278 BGB abzustellen.

2. Der Anspruch des H gegen W aus positiver Forderungsverletzung wäre gerechtfertigt, wenndie folgenden Voraussetzungen erfüllt wären:

a) Forderung des H gegen W

Laut Sachverhalt ersteht H von W einen Zuchtbullen. Aus der Formulierung „ersteht" kann der wirksame Abschluß eines Kaufvertrags gemäß § 433 BGB zwischen W und H entnommen werden. Aus diesem Kaufvertrag hat H gegen W einen Anspruch auf Übergabe und Eigentumsverschaffung an dem Bullen.

b) Subsidiarität

Da W den Bullen pünktlich liefert, liegt weder Verzug noch Unmöglichkeit vor. Sachmängelgewährleistung ist gesetzlich ausgeschlossen. Es liegt also keine gesetzlich geregelte Leistungsstörung vor.

c) Objektive Leistungsstörung als Erfolg

H bekommt ein krankes Stück Vieh geliefert; durch die Ansteckung seines eigenen Viehbestandes entsteht ihm ein Schaden. Die Lieferung eines kranken Bullen ist sowohl eine Schlechterfüllung der Hauptpflicht als auch eine Verletzung der sich aus dem Vertragsverhältnis ergebenden Sorgfaltspflicht.

d) Vertretenmüssen

Nach §§ 276, 278 BGB hat Wichtig eigenes Verschulden und das Verschulden eines Erfüllungsgehilfen zu vertreten.

Eigenes Verschulden des W kann dem Sachverhalt hier nicht entnommen werden. Es ist daher zu prüfen, ob W das Verschulden eines Erfüllungsgehilfen nach § 278 BGB zu vertreten hat.

aa) Schuldverhältnis zwischen W und H
Zwischen W und H besteht ein Kaufvertrag gemäß § 433 BGB.

bb) Handeln einer anderen Person als der des Schuldners
Nicht der Schuldner Wichtig hat gehandelt, sondern sein Verwalter Eifrig hat die Untersuchung unterlassen.

cc) Erfüllungsgehilfeneigenschaft des Eifrig
Eifrig war mit der Erfüllung der sich aus dem Kaufvertrag zwischen H und W ergebenden Sorgfaltspflichten betraut.

dd) Handeln in Erfüllung einer Verbindlichkeit
Zwischen der aufgetragenen Seuchenkontrolle und der Erfüllung des Kaufvertrages besteht ein innerer Zusammenhang. Das Unterlassen der Kontrolle geschah in Erfüllung der Verbindlichkeit.

ee) Schuldfähigkeit
Für ein Vorliegen der §§ 827, 828 BGB gibt der Sachverhalt keine Anhaltspunkte.

ff) Schuldform
Eifrig hat trotz einer Anweisung, eine Seuchenkontrolle vorzunehmen, diese aus Nachlässigkeit nicht vorgenommen. Dadurch ließ er die im Verkehr erforderliche Sorgfalt außer acht und handelte fahrlässig im Sinne § 276 I BGB.
Die Unterlassung des Eifrig erfüllt damit den Tatbestand des § 278 BGB und Wichtig hat das Verschulden des Eifrig wie eigenes Verschulden zu vertreten.

e) Kausalität
Die Unterlassung des E war für die Störung der Leistung ursächlich. Hätte E die aufgetragene Untersuchung vorgenommen, wäre die Seuche bemerkt und eine Ansteckung der Tiere des H verhindert worden.

f) Adäquanz
Die Leistungsstörung ist auch adäquat; es liegt nicht außerhalb der Lebenserfahrung, daß ein krankes Stück Vieh einen gesunden Viehbestand infizieren kann.

Die Handlung des E war daher für die Leistungsstörung adäquat kausal.

Damit sind alle Tatbestandsmerkmale der positiven Forderungsverletzung erfüllt. H kann, gestützt auf positive Forderungsverletzung, die sich aus der analogen Anwendung der §§ 280, 286, 325, 326 BGB ergebenden Rechte wahlweise geltend machen.

III. 1. § 831 BGB

2. Die Tatbestandsvoraussetzungen des § 831 BGB sind erfüllt. Auf die Exculpationsfrage war hier nicht einzugehen.

3. Der Verrichtungsgehilfe war nicht sorgsam ausgewählt, da sich der Zeitpunkt der Auswahl auf das schädigende Ereignis beziehen muß. Der Zeitpunkt der Einstellung ist daher nicht allein maßgeblich, vielmehr ist erforderlich eine regelmäßige Überwachung des Verrichtungsgehilfen. H hat daher einen Anspruch gegenüber W aus § 831 BGB.

4. H kann gegen E u.U. einen Anspruch aus § 823 Abs. 1 BGB geltend machen.

IV. 1. § 278 BGB setzt ein Schuldverhältnis voraus, § 831 BGB nicht.

2. § 278 BGB ist nur Zurechnungsnorm, während § 831 BGB Zurechnungs- und Haftungsnorm ist, also eine selbständige Anspruchsgrundlage darstellt.

3. § 831 BGB bietet im Gegensatz zu § 278 BGB eine Exculpationsmöglichkeit des Geschäftsherrn.

4. § 831 BGB setzt kein Verschulden des Gehilfen voraus im Gegensatz zu § 278 BGB.

5. § 831 BGB kann Grundlage eines Schmerzensgeldanspruches sein (§ 847 BGB); bei pVV gibt es kein Schmerzensgeld (§ 253 BGB).

V. 1. Nein, da er noch in den Vorverhandlungen stand. Der Preis ist u.U. noch nicht bestimmt. Außerdem fehlt auch der Bindungswille. Somit liegt ein Vertrag nicht vor.

2. a) Gegenüber G würde ein Anspruch aus § 823 I BGB bestehen, da er die Gesundheit und den Körper des H schuldhaft verletzt hat.

b) Aus § 831 BGB haftet auch W, da er den G zum Verrichtungsgehilfen bestellt hat und dieser in Ausführung der Verrichtung gehandelt hat.

3. Die Haftung aus unerlaubter Handlung ist in vielen Fällen nicht ausreichend. § 823 Abs. 1 BGB schützt nur einen engen Kreis und gewährt keinen umfassenden Schutz. § 826 BGB setzt sittenwidriges Handeln voraus. Eine Haftung aus § 831 BGB wird in vielen Fällen durch Entlastungsbeweis ausgeschlossen.

4. Wenn jemand zu einem anderen in einen besonders engen sozialen Kontakt tritt, so daß schädigende Einwirkungen des einen auf die Rechtssphäre des anderen möglich sind, führt dies im Falle der Schädigung zur Schadensersatzpflicht. Culpa in contrahendo. Hierfür ist heute nach allgemeiner Meinung das Gewohnheitsrecht die Grundlage.

5. a) Schadenzufügung im Zusammennang mit Vertragsverhandlungen oder bei geschäftlichem Kontakt.
   b) Schadenzufügung durch Erweckung des Eindrucks, daß die Vertragsverhandlungen günstiger stünden, als in Wirklichkeit der Fall ist,und der Partner im Vertrauen darauf schädigende Dispositionen trifft.
   c) Unredlichkeit bezüglich der Herbeiführung des Vertragsabschlusses (Hintertreibung durch Nichterfüllung der Formvorschriften).

6. Grundsätzlich haftet der Schädiger im Rahmen der c.i.c. in Höhe des Vertrauensschadens (auch Vertrauensinteresse, negatives Interesse genannt).

   Anders als in den genannten §§ 122, 179 II, 307 BGB begrenzt jedoch das Erfüllungsinteresse (positives Interesse) nicht immer das Vertrauensinteresse.

7. a) Vertrauensinteresse

   Der Geschädigte ist so zu stellen, wie er stehen würde, wenn er *nicht* auf die Gültigkeit des Geschäfts vertraut hätte (nie etwas von dem Geschäft gehört hätte).

   b) Erfüllungsinteresse

   Der Geschädigte ist so zu stellen, wie er stehen würde, wenn der Schuldner ordnungsgemäß erfüllt hätte.

8. a) *Vorvertragliches Vertrauensverhältnis*	H verhandelt mit W über den Ankauf eines Zuchtbullen. Diese Verhandlungen erzeugen unter den Partnern ein vorvertragliches Vertrauensverhältnis.
b) *Kein Vertragsschluß*	Ein Vertrag ist laut Sachverhalt noch nicht zustandegekommen.
c) *Objektive Störung des Vertrauensverhältnisses*	H erleidet während der Vertragsverhandlung einen Schaden.
d) *„Vertretenmüssen"*	Ein Handeln des W selbst kann dem Sachverhalt nicht entnommen werden. W hat aber nach § 278 BGB auch ein schuldhaftes Handeln eines Erfüllungsgehilfen zu vertreten.
aa) *Schuldverhältnis*	Zwischen H und W bestand ein Schuldverhältnis, das hier dem vorvertraglichen Vertrauensverhältnis entspringt. W hat gegenüber H Schutz- und Sorgfaltspflichten.
bb) *Handeln eines anderen als des Schuldners*	Nicht W handelt hier, sondern G.
cc) *Erfüllungsgehilfeneigenschaft des Handelnden*	G ist von W beauftragt, den Zuchtbullen vorzuführen. Er ist damit Erfüllungsgehilfe des W.
dd) *Handeln in Erfüllung*	E handelt in Erfüllung dieses Auftrags, der u.a. die Erfüllung der Schutzpflicht des W betrifft.
ee) *Schuldfähigkeit*	An der Schuldfähigkeit des G läßt der Sachverhalt keinen Zweifel.
ff) *Schuldform*	Laut Sachverhalt tritt G aus Unachtsamkeit auf die Schaufel, er handelt damit fahrlässig i.S. § 276 I BGB. Da alle Tatbestandsvoraussetzungen des § 278 BGB erfüllt sind, hat W das Handeln seines Gehilfen G zu vertreten.

e) *Kausalität* — Die Handlung des G war für den Schaden ursächlich. Wäre G nicht auf die Schaufel getreten, hätte der hochschnellende Stiel H nicht verletzt.

f) *Adäquanz* — Es entspricht der allgemeinen Lebenserfahrung, daß durch einen hochschnellenden Schaufelstiel ein Mensch Gesichtsverletzungen erleiden kann.

Die Subsumtion ergibt, daß alle Voraussetzungen der c.i.c. erfüllt sind. Daher haftet W dem H aus analoger Anwendung der §§ 122, 179 II, 307 BGB. H kann verlangen, so gestellt zu werden, wie er gestanden hätte, wenn er nie etwas von dem Geschäft gehört hätte (Vertrauensinteresse). H kann also von W Ersatz der Arztkosten verlangen.

9. Aus vertraglichen oder vorvertraglichen Ansprüchen ist nie ein Anspruch auf Schmerzensgeld gegeben – vgl. § 253 BGB –. Ein Schmerzensgeldanspruch kann sich hier aber u.U. aus §§ 823, 831 i.V. § 847 BGB ergeben.

10. Sie entsprechen sich in Aufbau und Anwendungszweck. Allerdings findet die pVV nur Anwendung bei Vorliegen eines Vertrages, während die c.i.c. nur bei vorvertraglichen Schädigungen anzuwenden ist.

I. 1. a) § 462 BGB Wandelung

b) § 462 BGB Minderung

c) § 463 BGB oder (hier wegen Gattungskauf) § 480 Abs. 2 BGB Schadensersatz wegen Nichterfüllung.

d) § 480 Abs. 1 BGB Lieferung einer mangelfreien Sache

2. Wandelung ist Rückgängigmachung des Kaufvertrages; ein großer Teil der Vorschriften über den Rücktritt findet analoge Anwendung.

Hinweis: Auf die Vertrags- bzw. Herstellungstheorie wird hier nicht eingegangen. Es empfiehlt sich, diese Problematik in einem Lehrbuch des Schuldrechts nachzulesen.

3. a) Verhältnismäßige Herabsetzung des Kaufpreises, §§ 462, 472 BGB.

b) Die Formel in § 472 BGB lautet: Herabsetzung „in dem Verhältnisse, in welchem der Wert der Sache in mangelfreiem Zustand zu dem wirklichen Wert gestanden haben würde". Also folgende Proportionalformel:

$$\frac{\text{Kaufpreis}}{\text{geminderter Kaufpreis}} = \frac{\text{mangelfreier Wert}}{\text{wirklicher Wert}}$$

Hier ist:

Geminderter Kaufpreis	=	x
Kaufpreis	=	200
mangelfreier Wert	=	100
wirklicher Wert	=	50

also:

$$\frac{200}{x} = \frac{100}{50}$$

$$100\,x = 10000$$

$$x = 100$$

Somit kann K von V DM 100,– zurückverlangen.

Merke: Ein schlechtes Geschäft wird durch Minderung nicht zu einem guten, das Mißverhältnis zwischen Leistung und Gegenleistung bleibt trotz Minderung aufrechterhalten.

4. § 480 Abs. 1 S. 1 BGB beim Gattungskauf

5. A. Kaufvertrag, bestehend aus

a) Antrag und
b) Annahme

B. Es muß ein Mangel i.S. § 459 BGB vorliegen.

a) Mängel i.S. § 459 Abs. 1 BGB

aa) Fehler, die den Wert (Tausch- oder Marktwert) mindern oder

bb) Fehler, die die Gebrauchstauglichkeit zum

aaa) gewöhnlichen Gebrauch (objektive Fehler) oder
bbb) zum vertraglich vorausgesetzten Gebrauch (subjektive Fehler) mindern.

cc) Der Fehler darf nicht unerheblich sein

oder

b) Mangel i.S. § 459 Abs. 2 BGB: Fehlen einer zugesicherten Eigenschaft

c) Sowohl der Mangel i.S. § 459 Abs. 1 BGB als auch das Fehlen der zugesicherten Eigenschaft müssen im Zeitpunkt des Gefahrübergangs (§§ 446, 447 BGB) vorliegen.

C. Es darf kein Ausnahmefall i.S. § 460 BGB vorliegen, in dem der Verkäufer den Mangel nicht zu vertreten hat.

6. Bei der Beurteilung des *objektiven* Fehlers ist auf eine Benutzung unter den durchschnittlichen Lebensverhältnissen des konkreten Falles abzustellen.

Die Beurteilung des *subjektiven* Fehlers hat zu berücksichtigen, daß eine bestimmte Art der Benutzung Vertragsinhalt geworden ist.

7. Eigenschaften sind alle tatsächlichen oder rechtlichen Verhältnisse einer Sache, die nach der Verkehrsauffassung Einfluß auf die Wertschätzung und Brauchbarkeit der Sache ausüben. Beispiel: Echtheit eines Kunstgegenstandes, Bebaubarkeit eines Grundstücks, Lage eines Grundstücks.

8. In beiden Fällen ist die vertragliche Vereinbarung Grundlage.

   Das Voraussetzen eines Gebrauchs steht der Zusicherung der Tauglichkeit zu einem bestimmten Gebrauch sehr nahe. Doch wird für eine Zusicherung eine bestimmtere Erklärung des Verkäufers als das Voraussetzen eines bestimmten Gebrauchs verlangt. Eine Zusicherung ist nicht jede einseitig abgegebene Erklärung des Verkäufers. Der Verkäufer muß in einer vertragsmäßig bindenden Weise eine besondere Gewähr dafür übernehmen, daß eine bestimmte Eigenschaft der Sache vorliegt.

   Hinweis: Es handelt sich hier um eine schwierige Abgrenzungsfrage, in der praktisch ein Ermessensspielraum des Richters vorliegt.

9. Weil §§ 463, 480 Abs. 2 BGB den Schadensersatz von der Zusicherung abhängig machen. Bei bloßem Voraussetzen eines bestimmten Gebrauchs gewährt § 463 BGB keinen Schadensersatz. In diesem Fall kommt nur noch Schadensersatz aus positiver Forderungsverletzung in Betracht.

10. §§ 446, 447 BGB regeln den Gefahrübergang.

11. a) § 463 BGB Fall Stückkauf

    aa) Satz 1: Fehlen einer zugesicherten Eigenschaft im Augenblick des Kaufs

    bb) Satz 2: arglistiges Verschweigen eines Fehlers

    cc) Analogie: arglistiges Vorspiegeln einer nicht bestehenden Eigenschaft

    b) § 480 Abs. 2 BGB Gattungskauf

    aa) Fehlen einer zugesicherten Eigenschaft bei Gefahrübergang.

    bb) Arglistiges Verschweigen eines Fehlers.

    cc) Arglistige Vorspiegelung einer nicht vorhandenen Eigenschaft.

12. Ja, der Zeitpunkt, in dem die zugesicherte Eigenschaft fehlen muß, ist beim Stückkauf der Abschluß des Vertrages, beim Gattungskauf der Zeitpunkt des Gefahrübergangs.

13. a) aa) Wandelung (§ 462 BGB)
    bb) Minderung (§ 462 BGB)
    cc) Schadensersatz wegen Nichterfüllung (§ 463 BGB)

    b) aa) Wandelung (§ 462 BGB)
    bb) Minderung (§ 462 BGB)
    cc) Neulieferung (§ 80 Abs. 1 BGB)
    dd) Schadensersatz wegen Nichterfüllung (§ 480 Abs. 2 BGB)

III. 1. **Gutachten**

(1) ***Wandelung gemäß § 462 über § 467 BGB nach § 346 BGB***

A Kaufvertrag

Der wirksame Abschluß eines Kaufvertrages muß der Sachverhaltsformulierung „kauft" entnommen werden.

B Mangel i.S. § 459 BGB

Mängel i.S. § 459 Abs. 1 BGB

a) Wertminderntder Fehler kann nicht angenommen werden, da die Fräse an sich keinen Fehler hat, der den Marktwert herabsetzen würde.

b) Fehler hinsichtlich der Gebrauchstauglichkeit

aa) Objektiver Fehler

Durch ihre Konstruktion müßte die Fräse für den gewöhnlichen Gebrauch untauglich sein. Dies kann jedoch nicht angenommen werden, da der gewöhnliche Gebrauch einer Bodenfräse im allgemeinen nicht schwerste Böden umfassen wird.

bb) Subjektiver Fehler
Hier müßte die Gebrauchstauglichkeit zu dem nach dem Vertrag vorausgesetzten Gebrauch fehlen oder gemindert sein. Voraussetzung wäre hierbei ein bei Vertragsabschluß zwischen den Parteien übereinstimmend vorausgesetzter bestimmter Gebrauch. Dies ist hier der Fall: Beide gingen davon aus, daß die Fräse zur Bearbeitung von K's extrem schwerem Boden benutzt werden sollte. Auch wenn hierüber nicht ausdrückliche Zusicherungen in den Vertrag aufgenommen worden sind, so reicht doch das gemeinsame Voraussetzen. Zu diesem Gebrauch ist die Fräse nicht tauglich. Somit liegt ein subjektiver Fehler i.S. § 459 Abs. 1 BGB vor.

c) Erheblichkeit des Fehlers

Die Minderung der nach dem Vertrag vorausgesetzten Gebrauchstauglichkeit ist auch nicht unerheblich, da K die Fräse überhaupt nicht gebrauchen kann.

Ergebnis

K kann von V daher Wandelung gemäß § 462 BGB verlangen.

(2) *Minderung gemäß § 462 i. V. § 472 BGB*

Da der Anspruch auf Wandelung, wie oben untersucht, gerechtfertigt ist, kann K wahlweise auch Minderung geltend machen. Doch kommt diese hier praktisch nicht in Betracht, da dem K an der Maschine nicht gelegen ist.

(3) *Neulieferung gemäß § 480 Abs. 1 BGB*

Da ein Gattungskauf vorliegt (katalogmäßig, typmäßig bestimmt), könnte an sich ein Nachlieferungsanspruch in Betracht kommen. Doch ist hier eine Neulieferung nicht möglich, da nur durch Änderung der Gattungsmerkmale eine fehlerfreie Maschine geliefert werden könnte. Eine solche Lieferung würde jedoch nicht mehr der im Vertrag getroffenen Gattungsbestimmung entsprechen, auf sie hätte K keinen Anspruch.

(4) *Schadensersatz wegen Nichterfüllung gemäß § 480 Abs. 2 BGB*

Diesen könnte K verlangen, wenn eine zugesicherte Eigenschaft fehlen würde (arglistiges Verschweigen oder Vorspiegeln ist nicht gegeben). Von einer Zusicherung i.S. einer bewußt übernommenen Garantieverpflichtung kann allerdings hier nicht ausgegangen werden. Daher kein Schadensersatz aus § 480 Abs. 2 BGB.

2. **Culpa in contrahendo**

Eine Haftung für den Schadensersatz aus culpa in contrahendo käme an sich wegen der mangelhaften Beratung beim Abschluß des Kaufvertrages in Betracht. Jedoch ist zweifelhaft, ob den Verkäufer hier wirklich ein Verschulden trifft.

3. Ansprüche, die über das nach §§ 459 ff. BGB Gewährte hinausgehen, können auf pFV oder c.i.c. gestützt werden, wenn deren Voraussetzungen vorliegen. Insoweit ist die Regelung der Gewährleistung für Sachmängel *nicht abschließend.*

IV. 1. *Vorbemerkung*

Die nachfolgenden Lösungsvorschläge dieser Übung enthalten nur eine stichwortartige Subsumtion. Beachten Sie, daß eine gutachtliche Lösung das Vorliegen der einzelnen Tatbestandsvoraussetzungen ausführlicher prüfen muß.

A *Wandelung*

Eine Wertminderung wegen des Fertigungsfehlers war von Anfang an gegeben, ebenso ein objektiver Fehler in der Gebrauchstauglichkeit. Auch ein subjektiver Fehler hinsichtlich der Gebrauchstauglichkeit liegt vor, da der betreffende Gebrauch vorausgesetzt war. Der Fehler ist erheblich. Daher besteht der Wandelungsanspruch.

B *Minderung*

In gleicher Weise gegeben.

C *Nachlieferung*

§ 480 Abs. 1 BGB kann K hier ebenfalls verlangen, da ein Gattungskauf vorlag.

D *Schadensersatz wegen Nichterfüllung*

Hierzu müßte eine Eigenschaft zugesichert worden sein. Dies liegt vor, da V eine Eignung des Typs für eine bestimmte Arbeit generell zusicherte. Im vorliegenden Fall fehlte jedoch nicht die Eignung des Typs, sondern die einzelne Säge hatte einen Fabrikationsfehler, dessen Abwesenheit nicht speziell zugesichert war. Daher fehlte hier keine zugesicherte Eigenschaft. Schadensersatz aus § 480 Abs. 2 BGB scheidet somit aus.

E *Positive Forderungsverletzung*

Schlechterfüllung ist jedenfalls gegeben, da der Verkäufer seine Lieferungspflicht aus Kauf nicht ordnungsgemäß erfüllt hat. Der entstandene Schaden ist auch Folge dieser Schlechterfüllung. Jedoch dürfte ein Verschulden des Händlers kaum zu begründen sein, da die Prüfung der Festigkeit einer Kette seine Möglichkeiten in jeder Hinsicht übersteigt.

F *Unerlaubte Handlung*

Da dieser Anspruch ebenfalls Verschulden voraussetzt, scheidet er von Anfang aus.

Ergebnis

K kann nur Wandelung, Minderung und Nachlieferung verlangen, Schadensersatzansprüche hat er nicht.

V. 1.-2. *Wandelung und Minderung*

Ob eine Wertminderung und ein objektiver Mangel der Gebrauchstauglichkeit vorliegt, ist hier fraglich. Sicher aber liegt vor

a) ein subjektiver Fehler nach § 459 Abs. 1 BGB (keine Tauglichkeit zum Fällen dicker Eichen),

b) Fehlen einer zugesicherten Eigenschaft (Tauglichkeit des Typs zum Fällen dicker Eichen).

3. Nachlieferung wie im vorigen Fall (kommt nicht in Betracht, weil Konstruktionsmerkmal).

4. *Schadensersatz aus § 480 Abs. 2 BGB*

Zusicherung liegt vor wie oben. Gerade die zugesicherte Eigenschaft fehlt hier. Daher besteht ein Anspruch auf Schadensersatz wegen Nichterfüllung.

Wichtig: Schadensersatz wegen Nichterfüllung nach §§ 463, 480 Abs. 2 BGB umfaßt nach neuester Rechtsprechung des Bundesgerichtshofes alle Schäden, die innerhalb der Zielrichtung der Zusicherung liegen. Damit werden auch mittelbare Schäden (Schäden an anderen Rechtsgütern des Verletzten) erfaßt. Hier könnte fraglich sein, ob die Zusicherung auch die Person des Käufers schützen soll. Dies ist jedoch zu bejahen, da man damit rechnen muß, daß Arbeiten mit einer zu schwachen Maschine auch Personenverletzungen herbeiführen.

Ergebnis

Schadensersatz wegen Nichterfüllung ohne Verschulden, der hier auch den Körperschaden umfaßt.

5. *Positive Forderungsverletzung*

ist hier fraglich wegen Verschuldens. Sie könnte bejaht werden, soweit eine Überprüfungsmöglichkeit für den Verkäufer gegeben ist. Ist diese zu verneinen, so könnte man ein Verschulden in der Zusicherung von Eigenschaften trotz mangelhafter Überprüfungsmöglichkeiten sehen.

6. *Unerlaubte Handlung*

(§ 823 Abs. 1 BGB kommt in Betracht im Falle des Verschuldens.)

I. 1. Nein, § 104 Ziff. 1 BGB

2. Erforderlich sind Antrag und Annahme. Mit dem Wunsch, den Hasen zu kaufen, äußert T einen Willen; ihre Willenserklärung ist jedoch nach §§ 104 Ziff. 1, 105 Abs. 1 BGB nichtig. Daher liegt kein Antrag vor. Sollte der Antrag von B gekommen sein, so wäre die Annahmeerklärung der T aus dem gleichen Grunde nichtig.

3. T wäre nach § 929 S. 1 BGB Eigentümerin geworden, wenn sie sich mit dem B über die Eigentumsübertragung geeinigt und durch Übergabe den unmittelbaren Besitz erworben hätte.

a) *Übergabe* lag vor. Die tatsächliche Sachherrschaft ging auf T über. Hierzu bedurfte es keiner Geschäftsfähigkeit, da die Übergabe keine Willenserklärung, sondern ein Realakt ist.

b) Die *Einigung* als Vertrag scheitert jedoch gemäß §§ 104 Ziff. 1, 105 Abs. 1 BGB daran, daß die T als Geschäftsunfähige keinen Antrag (bzw. keine Annahme) zur Einigung erklären konnte. Somit ist T nicht Eigentümerin des Hasen geworden.

II. 1. a) § 985 BGB und § 812 Abs. 1 S. 1 BGB

b) § 985 BGB und § 812 Abs. 1 S. 1 BGB

2. a) *Anspruch des B gegen T auf Rückgabe des Hasen*

T ist, wie oben untersucht, Besitzerin, aber nicht Eigentümerin. Ein Recht zum Besitz nach § 986 BGB besteht nicht, da auch der Kaufvertrag nichtig ist.

b) *Anspruch der M gegen B auf Rückgabe des Geldes*

Hier gilt das gleiche wie zu a) § 984 BGB greift nicht ein, da der Schein nicht *untrennbar* mit anderem Geld vermischt ist.

3. a) Dieses Tatbestandsmerkmal ergibt sich aus den Worten „etwas *erlangt*". Bereicherung bedeutet, daß (durch die Leistung) eine Verbesserung der Vermögenslage des Bereicherten eingetreten sein muß; hierbei kommt jeder vermögenswerte Vorteil, gleich welcher Art, in Betracht.

b) Dieses Tatbestandsmerkmal ergibt sich aus den Worten „auf dessen *Kosten*" (auf Kosten eines anderen). Dem Vermögenszuwachs auf der einen Seite muß eine Vermögenseinbuße auf der anderen Seite entsprechen.

c) Dieses Tatbestandsmerkmal ergibt sich ebenfalls aus den Worten „auf dessen Kosten" (auf Kosten eines anderen). Da die Vermögensverschiebung „auf Kosten *des anderen* " erfolgt sein muß, bedeutet das Erfordernis der Unmittelbarkeit, daß eine Vermögensverschiebung nicht auf dem Umweg über ein fremdes Vermögen erfolgt sein darf. Vielmehr muß ein und derselbe Vorgang auf der einen Seite den Vermögenszuwachs und auf der anderen Seite die Vermögensminderung herbeiführen.

Hinweis: Zwischenschaltung einer oder mehrerer Banken hebt die Unmittelbarkeit von Zahlungsvorgängen als Bereicherung nicht auf; die Buchungsvorgänge werden technisch als einheitlicher Vorgang betrachtet.

d) Ausdrücklich im Gesetz erwähnt.

Hinweis: Die Problematik der Bereicherung „in sonstiger Weise" bedarf des besonderen Studiums in einem späteren Semster.

e) Dieses Erfordernis ergibt sich aus dem Gesetz: „ohne rechtlichen Grund". Eine *Leistung* ist ohne Rechtsgrund erlangt, wenn sie dem Empfänger schuldrechtlich nicht gebührt, d.h. – etwas vereinfacht – wenn er gegenüber dem Leistenden keinen Anspruch auf diese Leistung hatte.

4. a) Ergibt sich wörtlich aus § 812 Abs. 1 S. 1 BGB.

b) In § 818 Abs. 1 BGB geregelt.

c) § 818 Abs. 2 BGB. Die Formulierung der Bestimmung entspricht etwa der Definition der (subjektiven) Unmöglichkeit.

d) § 818 Abs. 3 BGB

5. Anspruch des B gegen T auf Rückgabe des Hasen nach § 812 Abs. 1 S. 1 BGB.

a) *Bereicherung:* T hat durch Übergabe den *unmittelbaren* Besitz am Hasen erlangt. Eigentum hat sie, wie oben bereits geprüft, nicht erworben. Der Besitz ist ein Vermögensvorteil.

b) *Entreicherung:* Der B hat bei Aushändigung des Hasen an T den unmittelbaren Besitz verloren, also einen Vermögensnachteil erlitten.

c) *Unmittelbarkeit:* Der unmittelbare Besitz am Hasen ging bei B durch die Aushändigung an T verloren. Diese erwarb ihn durch den gleichen Vorgang. Fremdes Vermögen wurde nicht berührt, daher ist die Unmittelbarkeit gegeben.

d) *Durch Leistung:* Hier sollte eine Kauflieferungsschuld durch Bewirken der Leistung erfüllt werden. Daher lag eine Leistung vor.

e) *Rechtsgrundlosigkeit:* Der Rechtsgrund hätte hier nur in einem wirksamen Kaufvertrag liegen können. Da die Antrags- bzw. Annahmeerklärung der T nach §§ 104 Ziff. 1, 105 Abs. 1 BGB als Erklärung einer Geschäftsunfähigen nichtig war, konnte kein Kaufvertrag entstehen, daher bestand auch kein Anspruch der T aus § 433 Abs. 1 S. 1 BGB auf Übergabe des Hasen. Die in der Besitzübertragung liegende Vermögensverschiebung erfolgte somit ohne rechtlichen Grund.

Ergebnis

B kann von T Herausgabe des Hasen verlangen.

6. Nein, in diesem Fall entfällt die Bereicherungsschuld nach § 818 Abs. 3 BGB.

7. Weil die Geschäftsunfähigkeit nur die Nichtigkeit von Willenserklärungen herbeiführt. Die Bereicherungsschuld entsteht aber nicht aufgrund einer Willenserklärung, sondern kraft Gesetzes.

III. 1. S ist mit 10 Jahren nicht geschäftsunfähig, sondern nur beschränkt geschäftsfähig nach §§ 106, 2 BGB.

2. Willenserklärungen eines Geschäftsunfähigen sind nach § 105 Abs. 1 BGB in jedem Falle nichtig. Willenserklärungen eines beschränkt Geschäftsfähigen können nach Maßgabe der §§ 106 - 113 BGB teilweise Wirkung entfalten.

3. Die zum Abschluß erforderlichen Erklärungen (Antrag und Annahme) sind laut Sachverhalt von S und A abgegeben worden. Fraglich ist nur, ob der S eine wirksame Willenserklärung zum Abschluß des Kaufvertrages abgeben konnte. Nach §§ 106, 2 BGB war er beschränkt geschäftsfähig, so daß § 107 BGB für ihn gilt. Der Kaufvertrag wäre somit nur mit der Einwilligung der Eltern oder sonstigen gesetzlichen Vertretern wirksam, wenn S durch ihn nicht nur rechtliche Vorteile hätte. Nach § 433 Abs. 1 S. 2 BGB schafft der Kaufvertrag die Verpflichtung zur Übereignung und Übergabe der Kaufsache. Diese Verpflichtung ist ein rechtlicher Nachteil, so daß der Kaufvertrag einwilligungsbedürftig ist. Er ist somit schwebend unwirksam und kann nur durch Genehmigung des gesetzlichen Vertreters nach § 108 I BGB Wirkung erlangen.

4. Ja. Durch die Einigung nach § 929 BGB (und die Übergabe) verliert S das Eigentum an den Büchern, was ein rechtlicher Nachteil wäre. Also ist auch die Einigung schwebend unwirksam.

5. Nein. Die Einigung bringt hier dem S nur rechtlichen Vorteil, weil ihre Wirkung sich nach dem Abstraktionsprinzip darin erschöpft, dem S Eigentum an Geld zu übertragen. Daher ist sie wirksam.

6. Nach § 812 Abs. 1 S. 1 BGB kann A die Rückgabe und Rückübereignung des Geldes verlangen. Die Besitz- und Eigentumsübertragung bewirkte unmittelbar die Bereicherung des S auf Kosten des A um Besitz und Eigentum. Der rechtliche Grund fehlte, da der Kaufvertrag als causa ohne Einwilligung oder Genehmigung des gesetzlichen Vertreters unwirksam ist.

7. a) § 111 BGB betrifft *einseitige* Rechtsgeschäfte,
§ 108 BGB dagegen Verträge.

b) § 111 S. 1 BGB erklärt die ohne Einwilligung vorgenommenen einseitigen Rechtsgeschäfte für gänzlich unwirksam. § 108 Abs. 1 BGB macht für Verträge die Wirkung von der Genehmigung abhängig, erklärt sie also nur für schwebend unwirksam.

8. §§ 183, 184 BGB. Notfalls mit Hilfe des Registers leicht auffindbar.

9. –

IV. 1. Der Anspruch könnte nach § 823 Abs. 1 BGB begründet sein.

a) S hat die Bücher veräußert; gegen ihn richten sich auch die Ansprüche.

b) *Die Handlung* des S liegt in der Übergabe und der Einigungserklärung gegenüber A.

c) *Verletztes Recht* könnte das Eigentum des F sein. Zwar hat S das Eigentum nach §§ 929, 932 BGB wegen §§ 106 - 108 BGB nicht ohne Einwilligung seines gesetzlichen Vertreters übertragen können. F ist daher Eigentümer der Bücher geblieben. Gleichwohl bleibt die Weggabe der Bücher eine Verletzung des Eigentums in seiner tatsächlichen Bedeutung. Auch der mittelbare Besitz des F nach § 868 BGB ist verletzt worden.

d/e) *Adäquate Kausalität* zwischen dem Handeln des S und der Rechtsgutverletzung besteht offensichtlich.

f) Die *Rechtswidrigkeit* ist, da es sich um positives Tun handelt, indiziert.

g) Fraglich könnte nur das *Verschulden* sein. Zwar hat S wissentlich und willentlich gehandelt, so daß die Merkmale des Vorsatzes vorliegen. Jedoch bestehen Zweifel an seiner Deliktsfähigkeit. Nach § 828 Abs. 2 BGB ist S als 10jähriger grundsätzlich verantwortlich; es kann auch nicht angenommen werden, daß er nicht die Einsicht in das Unerlaubte des Verkaufs geliehener Bücher gehabt hätte.

Ergebnis

S haftet dem F nach § 823 Abs. 1 BGB auf Schadensersatz.

2. Nein, da hier der in Anspruch genommene und der Handelnde nicht identisch wären.

Hinweis: Das Merkmal „Identität . . ." braucht im Gutachten in Zukunft nur dann besonders geprüft zu werden, wenn nach dem Sachverhalt Zweifel bestehen. Es ist aber empfehlenswert, es *im Kopf* jedesmal kurz zu prüfen. Hierdurch kann der bei Anfängern häufig zu beobachtende Fehler vermieden werden, daß die Anspruchsnorm im Verhältnis zwischen den falschen Parteien geprüft wird.

3. § 832 Abs. 1 BGB

4. –

I. 1. A. **Antrag**

a) *Bestimmtheit* — V gibt seinen Antrag brieflich ab. Dieser enthält hinreichend bestimmte Angaben über den gewünschten Vertragsinhalt (bestimmte, näher beschriebene Maschine und genauer Kaufpreis in Höhe von DM 1000,–).

b) *Bindungswille* — Auch ein Wille zur vertraglichen Bindung ist aus ihm erkennbar.

c) *Wirksamwerden* — Da der Brief des V von K beantwortet wird, ist er offenbar bei K angekommen und gemäß § 130 Abs. 1 BGB wirksam.

B. **Annahme**

a) *Bestimmtheit* — K gibt seine Annahmeerklärung brieflich ab. Sie stimmt mit dem Angebot des V zusammen, denn K erklärt sich damit einverstanden, die Maschine zum Preis von DM 1000,– zu erwerben.

b) *Bindungswille* — Bindungswille ist ebenfalls vorhanden.

c) *Wirksamwerden* — Aus der Lektüre des Antwortschreibens seitens des V ist zu schließen, daß er den Brief des K erhalten hat.

Somit ist zwischen V und K ein Kaufvertrag gemäß § 433 BGB zustandegekommen.

2. V könnte von dem Vertrag loskommen, wenn

a) seiner Kaufangebotserklärung ein anfechtbarer Irrtum gemäß § 119 BGB zugrundegelegen hat und er dann seine (Kaufangebots-)Willenserklärung (= ein *Rechtsgeschäft*) (§ 142 I BGB)

b) angefochten hat (§ 142 I BGB)

aa) durch (empfangsbedürftige) *Anfechtungserklärung* (§ 143 I BGB)

bb) innerhalb der *Anfechtungsfrist* (= rechtzeitig) (§ 121 BGB)

cc) gegenüber dem richtigen *Anfechtungsgegner* (§ 143 I u. II - IV BGB);

denn in diesem Falle wäre die Kaufangebotserklärung des V gemäß § 142 I BGB von Anfang an ***nichtig*** (unwirksam) mit der Folge, daß wegen Fehlens einer gültigen Kaufangebotserklärung ein Kaufvertrag nicht zustandegekommen wäre.

3. Irrtum ist unbewußte Nichtübereinstimmung von Wille und Erklärung oder unbewußte Unkenntnis vom wirklichen Sachverhalt. Der Irrtum ist Zwiespalt zwischen Vorstellungsbild und Wirklichkeit.

4. a) Der Erklärende war im Irrtum über den Inhalt seiner Erklärung.

b) Der Erklärende wollte eine Erklärung dieses Inhalts überhaupt nicht abgeben.

c) Der Erklärende war im Irrtum über solche Eigenschaften der Person oder der Sache, die im Verkehr als wesentlich angesehen werden.

5. b) ***Das, was er äußert.***

6. a) ***Inhaltsirrtum § 119 Abs. 1 BGB – 1. Fall –***

Dieser Irrtum (Inhaltsirrtum) ist die irrige Vorstellung über die ***inhaltlichte Tragweite, die rechtliche Bedeutung*** des Erklärungsverhaltens. Ein Inhaltsirrtum liegt vor, wenn der Erklärende mit seiner Erklärung selbst eine andere Bedeutung verbunden hatte als diejenige, die der Empfänger verstanden hat und den Umständen nach als die gemeinte verstehen konnte bzw. mußte.

Beispiel:
Ein Bauer aus Hinterdemwalde steigt in die Kraftdroschke mit dem Schild „frei" ein, läßt sich an sein Ziel bringen und verweigert dann die Bezahlung, weil er geglaubt habe, die Fahrt sei eine Freifahrt.

b) ***Erklärungsirrtum § 119 Abs. 1 BGB – 2. Fall –***

Der Erklärende meint, etwas anderes zu erklären, als er wirklich erklärt, z.B. er verspricht sich, verschreibt sich oder vergreift sich, ohne es zu bemerken. Der Erklärende erklärt hier also, ohne es zu bemerken oder sich darüber klar zu sein, ***etwas anderes,*** als er hat zum Ausdruck bringen ***wollen.***

Beispiel:
V verspricht (verschreibt) sich und nennt mündlich (schriftlich) dem K als Kaufpreis DM 15,– statt DM 50,–.

7. Als *Eigenschaften* einer Person oder einer Sache können alle tatsächlichen und rechtlichen Merkmale und Verhältnisse bezeichnet werden, die für die Verwendbarkeit der Person bzw. für die Brauchbarkeit oder den Wert der Sache von Bedeutung sind. Die Eigenschaften müssen der Person oder Sache in der Regel auf eine gewisse Dauer anhaften. *Verkehrswesentlich* sind alle Eigenschaften, auf die es entsprechend dem typischen wirtschaftlichen Zweck eines derartigen Rechtsgeschäftes ankommt.
8. Grundsätzlich ist der bloße Irrtum im Beweggrund (Motivirrtum) aus Gründen der Verkehrssicherheit unbeachtlich, d.h. er kann nicht angefochten werden. Es genügt, *daß* jemand will; *warum* er will, ist regelmäßig gleichgültig.
9. In allen drei Irrtumsfällen des § 119 BGB ist Voraussetzung, daß der Irrtum subjektiv *und* objektiv *erheblich* war („. . . wenn anzunehmen ist, daß *er* sie bei Kenntnis der Sachlage (subjektiv) und bei *verständiger* Würdigung des Falles (objektiv) nicht abgegeben haben würde").
10. –
11. V wäre von dem Kaufvertrag losgekommen, wenn seine Kaufangebotswillenserklärung gemäß § 142 I BGB (ex tunc) nichtig und damit der Kaufvertrag mangels wirksamen Angebots hinfällig wäre. Zu prüfen sind also die Voraussetzungen des § 142 I BGB:

   a) *Anfechtbares Rechtsgeschäft*

   aa) *Rechtsgeschäft:* Die im Kaufantrag liegende Willenserklärung des V ist ein Rechtsgeschäft.

   bb) *Anfechtbarkeit:* In Betracht kommt Anfechtbarkeit wegen Irrtums gemäß § 119 BGB. Hier liegt Erklärungsirrtum (§ 119 I BGB, 2. Fall) vor – V hat sich vertippt = verschrieben.

   V hätte dem K wohl nicht das Angebot unterbreitet, die Maschine zu einem Preis von DM 1000,– zu verkaufen, auch ist bei verständiger Würdigung des Falles nicht anzunehmen, daß V dem K eine Maschine, deren Wert bei ca. DM 1600,– lag, zu DM 1000,– verkaufen wollte. Daher ist der Irrtum sowohl subjektiv als auch objektiv erheblich. Dieser Irrtum berechtigt zur Anfechtung.

   b) *Anfechtung*

   aa) *Anfechtungserklärung:* (§ 143 I BGB): V's Mitteilung an K läßt unzweideutig erkennen, daß das Geschäft rückwirkend beseitigt werden soll.

   bb) *Rechtzeitigkeit* (Anfechtungsfrist): Alsbald nachdem V sein Tippversehen bemerkt hatte, hat er angefochten. V hat also ohne schuldhaftes Zögern = unverzüglich (§ 121 I 1 BGB) angefochten.

   cc) *(Anfechtungs-)Erklärungsadressat:* Da Kaufvertrag vorlag, war K gemäß § 143 II BGB der richtige Anfechtungsgegner.

   Ergebnis

   Da die Voraussetzungen des § 142 I BGB erfüllt sind, ist V von dem Kauf losgekommen.
12. Ja, weil die Möglichkeit einer Schadensersatzpflicht gemäß § 122 BGB besteht.

   Hinweis: Es wird empfohlen, die Problematik des § 122 BGB in einem Lehrbuch genauer zu erarbeiten.

II. 1. a) *Täuschung* ist die vorsätzliche, *also gewollte* Erregung, Bestärkung oder Aufrechterhaltung *eines Irrtums* durch Vorspiegelung falscher (positives Tun) oder durch Verschweigen wahrer Tatsachen (Unterlassen).

Durch *Verschweigen* kann eine Täuschung aber *nur dann begangen werden,* wenn *eine Rechtspflicht zum Reden bestand.* Eine solche Pflicht besteht, wie das RG ausgeführt hat, „wenn Treu und Glauben nach der Verkehrsauffassung das Reden erfordern, der andere Teil nach den Grundsätzen eines reellen Geschäftsverkehrs eine Aufklärung erwarten durfte". Auch aus dem Gesetz kann sich eine besondere Mitteilungspflicht ergeben, z.B. §§ 259, 260, 402, 666 BGB.

Arglistig ist die Täuschung, wenn sie zu dem Zweck vorgenommen wird, *den Willen des Getäuschten zu beeinflussen* oder wenn doch zumindest das Bewußtsein vorhanden ist, *daß er dadurch beeinflußt werden könnte.*

b) Eine Drohung ist jede gewollte Erzeugung von Furcht vor zukünftigem Übel für den Fall, daß der Bedrohte die gewünschte Willenserklärung nicht abgibt.

2. Zwischen Täuschungs- oder Drohungshandlung und der Abgabe der anfechtbaren Willenserklärung muß der Kausalzusammenhang gewahrt sein. Die Handlung muß für die Abgabe der Willenserklärung ursächlich gewesen sein.

3. Hat ein *Dritter* die Täuschung verübt, so kann der Getäuschte

a) eine *nicht empfangsbedürftige* Willenserklärung auf jeden Fall anfechten (argumentum e contrario zu § 123 II BGB),

b) eine *empfangsbedürftige* Willenserklärung nur anfechten,

aa) wenn der Empfänger hinsichtlich der Täuschung unredlich war, d.h. die Täuschung kannte oder kennen mußte (§ 123 II 1 BGB) *oder*

bb) wenn der Dritte oder ein anderer Unredlicher aus der Erklärung unmittelbar ein Recht erworben hat (§ 123 II 2 BGB), wie etwa bei einem Lebensversicherungsvertrag zugunsten eines Dritten der Begünstigte (§§ 328, 330 BGB).

Hinweis: Dritter im Sinne des § 123 II BGB *ist nicht* der (Stell-)Vertreter (oder „Abschlußgehilfe"); die von ihm begangene arglistige Täuschung muß sich der Vertretene als eigene zurechnen lassen.

4. Anfechtbar ist das *kausale* Verpflichtungsgeschäft (Grundgeschäft), aber auch das *abstrakte* Erfüllungsgeschäft (Vollzugsgeschäft), wenn es – wie meist – ebenfalls unter Einfluß der Täuschung stand. Eine Anfechtungserklärung gemäß § 143 BGB wird stets auch das Vollzugsgeschäft mitbetreffen, falls eine Anfechtung auch des Vollzugsgeschäfts rechtlich in Betracht kommt. Die Anfechtung nach § 123 BGB begründet für den Anfechtungsgegner keinen Anspruch auf Ersatz des Vertrauensschadens nach § 122 BGB.

5. Als Grundlage für einen Anspruch des K gegen V auf Rückzahlung der DM 75,– kommt § 812 I BGB in Betracht. Dazu müßten folgende Voraussetzungen erfüllt sein:

a) *Bereicherung des V*
Durch Zahlung des K ist V um den Betrag von DM 75,– bereichert.

b) *Entreicherung des K*
Durch Zahlung der DM 75,– an V ist K um diesen Betrag entreichert.

c) *Unmittelbarkeit der Vermögensverschiebung*
Die Vermögensverschiebung zwischen V und K erfolgte ohne Umweg über fremdes Vermögen, also unmittelbar.

d) *Rechtsgrundlosigkeit der Vermögensverschiebung*
Rechtsgrund der Zahlung des K an V war der Kaufvertrag (Erfüllung der Kaufpreiszahlungspflicht). Ohne rechtlichen Grund wäre die Zahlung erfolgt, wenn die Kaufannahmeerklärung wirksam angefochten wäre, denn dann wäre die Kaufannahmeerklärung und damit der Kaufvertrag von Anfang an als nichtig anzusehen (§ 142 I BGB). In Betracht kommt hier eine Anfechtung wegen arglistiger Täuschung gemäß § 123 I BGB. Dazu müßten folgende Voraussetzungen erfüllt sein:

aa) *Täuschung*
Durch Vorspiegelung der falschen Tatsache, der betreffende Hochschullehrer habe die Anschaffung des Kommentars dringend angeraten, hat V in K gewollt einen Irrtum erregt.

bb) *Kausalität*
Zwischen Täuschung und abgegebener Willenserklärung besteht Kausalität, da K ohne die Täuschung das Buch nicht gekauft hätte.

cc) *Arglist*
Arglistig ist die Täuschung des V, weil sie (in unlauterer Weise) zu dem Zweck vorgenommen wurde, den Willen des getäuschten K zu beeinflussen.

dd) *Rechtsfolge*
Nichtigkeit der Kaufannahmeerklärung und damit des Kaufvertrages *ex tunc* gemäß § 142 I BGB nach rechtzeitiger Anfechtung (§ 124 BGB) gegenüber dem richtigen Anfechtungsgegner (§ 143 BGB).

e) *Rechtsfolge*

Weil durch die Anfechtung der Kaufvertrag von Anfang an als nicht existent anzusehen ist, hat V die DM 75,– ohne rechtlichen Grund erlangt. Daher kann K von V gemäß § 812 I 1 BGB Rückzahlung von DM 75,– verlangen.

I. 1. a) aa) *Offenheitsprinzip*
§ 164 Abs. 1 u. 2 BGB setzt voraus, daß der Vertreter offen im Namen des Vertretenen auftritt. Nach § 164 Abs. 2 BGB ist der Wille, in fremdem Namen zu handeln, unbeachtlich, wenn er nicht für den Gegner erkennbar ist.

Hinweis: Informieren Sie sich später in einem Lehrbuch über das Geschäft „wen es angeht".

bb) *Vertretungsmacht*
Der Vertreter kann diese kraft Gesetzes oder durch Rechtsgeschäft erlangen. Die rechtsgeschäftliche Vertretungsmacht (Vollmacht) wird nach § 167 Abs. 1 BGB durch einseitige Willenserklärung des Vertretenen an den Vertreter oder den Erklärungsgegner erteilt.

b) Die vom Vertreter abgegebenen Willenserklärungen wirken unmittelbar für und gegen den Vertretenen, so als ob dieser sie selbst abgegeben hätte.

2. A. **Antrag**

a) *Erklärung*
Der Antrag zum Abschluß eines Kaufvertrages ging hier von B aus. Er war in sich vollständig und auch dem Verkäufer gegenüber abgegeben. Er würde für K wirksam sein, wenn dieser durch B wirksam vertreten worden wäre.

b) *Vertretung*

aa) *Offenheitsprinzip*
Da vereinbart wurde, Lieferschein und Rechnung direkt an K zu schicken, lag offen zutage, daß B im Namen seines Arbeitgebers K handelte.

bb) *Vertretungsmacht*
Es kommt hier nur rechtsgeschäftliche Vertretungsmacht in Betracht. Diese könnte nach § 167 BGB durch Erklärung des K an B erteilt worden sein. K hat den B mit dem Einkauf beauftragt, also dazu die nötige Vollmachtserklärung mit abgegeben. B hat sich auch im Rahmen der Vollmacht gehalten (ein Auto hätte er nicht kaufen dürfen).

Somit wirkt gemäß § 164 Abs. 1 BGB die Antragserklärung des B unmittelbar für und gegen K.

B **Annahme**

a) *Erklärung*
F hat den durch B abgegebenen Antrag des K angenommen. Die Annahmeerklärung erfolgte jedoch auch hier wieder gegenüber B.

b) *Vertretung*
Nach § 164 Abs. 3 BGB gilt § 164 Abs. 1 BGB entsprechend bei einer Erklärung, die dem Vertreter gegenüber abgegeben wird. Auch zur Empfangnahme der Annahmeerklärung war B hier bevollmächtigt.

Ergebnis

Der Kaufvertrag wurde zwischen V und K abgeschlossen.

II. 1. B will offenbar nicht in eigenem Namen verkaufen, sondern für den V handeln. Daher liegt es nahe, daß alle betreffenden Geschäfte zwischen V und K abgeschlossen wurden.

A **Kaufvertrag**

a) *Antrag*

aa) *Erklärung*
Hier hat K erklärt, er wolle den Kochtopf kaufen. Diese Erklärung ist jedoch nicht gegenüber V selbst, sondern gegenüber B abgegeben.

bb) *Vertretung*
Die Erklärung könnte dem V gegenüber wirksam geworden sein, wenn B Vertreterin des V gewesen wäre (§ 164 Abs. 3 BGB).
Da B im Ladengeschäft des V als Verkäuferin steht, handelt sie bei den Verkäufen offen im Namen des V. Durch ihre Anstellung ist B zu Verkäufen, also auch zur Empfangnahme von Anträgen bevollmächtigt. (Siehe auch § 56 HGB, der insoweit die Rechtslage klarstellt.) Folglich ist der Antrag des K gegenüber V wirksam geworden.

b) *Annahme*

B erklärt mindestens mit der Aushändigung des Topfes konkludent, daß sie den Antrag für V annimmt. Wie oben ist hier das Offenheitsprinzip gewahrt und Vertretungsmacht vorhanden. Daher ist die Annahme wirksam erklärt. Der Kaufvertrag zwischen V und K ist zustandegekommen.

B **Die Übereignung des Topfes nach § 929 Abs. 1 S. 1 BGB**

a) *Die Einigung* über den Eigentumsübergang kam hier in gleicher Weise wie der Kaufvertrag zustande. Durch Vertretung der B hat sich V mit K darüber geeinigt, daß Eigentum von ihm auf K übergehen soll.

b) *Die Übergabe* erfolgte durch B. Als Besitzdienerin nach § 855 BGB konnte sie die tatsächliche Handlung der Besitzübergabe mit Wirkung für den Besitzer V vornehmen.

Somit ist das Eigentum am Topf von V auf K übergegangen.

C **Die Übereignung des Geldes**

Der Vorgang entspricht hier die Übereignung des Topfes mit dem Unterschied, daß die Rollen vertauscht sind.

2. Die Einigung ist als Vertrag ein Rechtsgeschäft. Daher gelten die Regeln für die rechtsgeschäftliche Vertretung. Die Übergabe als Übertragung des unmittelbaren Besitzes ist dagegen keine Willenserklärung, sondern ein Realakt. Da V den Besitz nur durch B ausübt, geht seine Besitzposition mit der Aufgabe der Sachherrschaft durch B verloren.

III. 1. a) § 185 BGB bezieht sich nur auf Verfügungsgeschäfte, § 164 BGB dagegen auf Verfügungs- *und* Verpflichtungsgeschäfte.

b) Bei § 185 BGB handelt der Verfügende im eigenen Namen, bei § 164 BGB im Namen des Vertretenen.

2. Er muß den Apparat im eigenen Namen verkaufen und veräußern.

a) Beim Verkauf wird V Verkäufer und hat den Anspruch auf Zahlung des Kaufpreises gegen den Käufer. Den Kaufpreis oder auch die noch nicht erfüllte Kaufpreisforderung muß V an E abführen (s. § 667 BGB).

b) Die Veräußerung erfolgt gemäß §§ 185, 929 BGB. Auch hier ist V als Veräußerer Vertragspartner des Erwerbers. Jedoch tritt die Wirkung durch die vorher gegebene Einwilligung des E unmittelbar in dessen Person ein, das Eigentum geht daher von E auf den Käufer über.

3. Er hat zwei Möglichkeiten:

a) Veräußerung im eigenen Namen wie oben III, 2 und

b) Verkauf und Veräußerung im Namen des E. In diesem Falle würde V als Vertreter gemäß § 164 BGB sowohl den Kaufvertrag als auch die Übereignung für E abschließen. E wäre somit Partner des obligatorischen Kaufvertrages (als Verkäufer) wie auch des dinglichen Übereignungsvertrages nach § 929 BGB als Veräußerer. Die von V abgegebenen Erklärungen würden hier unmittelbar für E wirken.

IV. 1. a) Nach §§ 164 ff. BGB (Stellvertretung) oder nach § 185 BGB.

b) Im Rahmen der Haftung nach § 831 BGB (Verrichtungsgehilfen).

c) § 278 BGB (Erfüllungsgehilfen).

d) § 855 BGB (Besitzdienerschaft).

2. Ja. Je nach der rechtlichen Beziehung, in der sein Handeln eine Rolle spielt, wird die betreffende Person in diesen verschiedenen Funktionen gesehen.

I. 1. A **Kaufvertrag nach § 433 BGB**

a) *Voraussetzungen*

aa) *Antrag*

A nennt Kaufgegenstand – die Forderung (ein relatives Recht) auf Rückzahlung des Darlehens von DM 2000,– nach § 607 I BGB – und Kaufpreis – DM 1900,–. Kaufgegenstand und Kaufpreis sind somit bestimmt. A möchte auch an seine Erklärung gebunden sein.

Es liegt daher ein wirksamer Antrag auf Abschluß eines Kaufvertrages vor.

bb) *Annahme*

Die Einverständniserklärung des N korrespondiert inhaltlich mit dem Antrag. Auch ein Bindungswille ist vorhanden.

Ein Kaufvertrag ist daher zustandegekommen.

b) *Folgen*

Für A als Verkäufer ergibt sich nach § 433 I 2 BGB die Verpflichtung, dem N das Recht – hier die Forderung – zu verschaffen.

Für N als Käufer ergibt sich nach § 433 II BGB die Verpflichtung, den Kaufpreis zu bezahlen.

B **Abtretung der Forderung aus § 607 I BGB nach § 398 BGB**

a) *Voraussetzungen*

Vertrag zwischen Altgläubiger (Zedent) und Neugläubiger (Zessionar) über die Übertragung der Forderung. Im einzelnen:

aa) *Forderung*

Forderung aus § 607 I BGB gegen S

bb) *Gläubigerstellung des Zedenten*

A ist Inhaber der Forderung gegen S

cc) *Vertrag zwischen Zedent und Zessionar über die Übertragung der Forderung*

Zustandekommen durch Antrag und Annahme mit dem Kaufvertrag

b) *Folge*

Mit dem Abschluß des Vertrages geht nach § 398, 2 BGB die Forderung von A auf N über.

C **Übereignung des Geldes nach § 929, 1 BGB**

Einigung und Übergabe

2. Der Kaufvertrag ist das Verpflichtungsgeschäft. Abtretung und Übereignung sind die Verfügungsgeschäfte.

Bemerkung: Die Abtretung beim Recht- (hier Forderungs-)kauf entspricht der Übereignung der Sache beim Sachkauf (Abstraktionsprinzip).

3. *Anspruchsgrundlage: § 607 I BGB*

Ein Darlehensvertrag als Anspruchsvoraussetzung ist nicht zwischen S und N, sondern zwischen A und S abgeschlossen worden. N könnte jedoch durch Abtretung gemäß § 398 BGB Gläubiger der Forderung des A gegen S aus § 607 I BGB geworden sein.

A war Inhaber der Forderung aus § 607 I BGB. Er vereinbarte mit N, daß diese Forderung auf N übergehen sollte. Damit ist N aufgrund Abtretungsvertrages Inhaber der Forderung gegen S geworden.

Die Forderung ist auch fällig. N kann also von S Rückzahlung des Darlehens verlangen.

II. 1. a) Zwischen A und N lag ein wirksamer Forderungskaufvertrag vor (siehe oben I. 1. A).

b) N ist durch Abtretung Inhaber der Forderung aus § 607 I BGB geworden (siehe oben I. 1.B).

c) Diese Forderung könnte mit Zahlung des S an A gemäß § 362 I BGB durch Erfüllung erloschen sein. A ist jedoch nach der Abtretung nicht mehr Gläubiger der Forderung und daher nicht mehr empfangszuständig i.S. des § 362 I BGB. § 362 II BGB greift mangels Einwilligung oder Genehmigung des Gläubigers N nicht ein.

d) S könnte jedoch gemäß § 407 Abs. 1 BGB von seiner Leistungspflicht befreit worden sein, wenn dessen Voraussetzungen vorliegen:

aa) Leistung oder Rechtsgeschäft

bb) nach der Abtretung

cc) zwischen Schuldner und bisherigem Gläubiger

dd) Unkenntnis des Schuldners über die Abtretung

S hat das Darlehen an den bisherigen Gläubiger A zurückgezahlt. Darin liegt eine Leistung des Schuldners an den bisherigen Gläubiger. Die Bewirkung dieser Leistung erfolgte zeitlich nach der Abtretung der Darlehensforderung durch A an N. Zum Zeitpunkt der Leistung wußte S von der Abtretung nichts.

Daher muß N die Leistung des S an A gegen sich gelten lassen, d.h. S wird von seiner Leistungspflicht befreit.

Hinweis: Der Ausgleich zwischen A und N erfolgt nach § 816 Abs. 2 BGB.

III. 1. A a) Der Gläubiger der einen muß der Schuldner der anderen Forderung sein und umgekehrt. Im einzelnen:

aa) Der Aufrechnende muß Gläubiger der Forderung sein, mit der aufgerechnet wird (Aktivforderung) und Schuldner der Forderung, gegen die aufgerechnet wird (Passivforderung).

bb) Der Aufrechnungsgegner muß Schuldner der Aktiv- und Gläubiger der Passivforderung sein.

b) Die beiderseits geschuldeten Leistungen müssen von der gleichen Beschaffenheit sein (z.B. Geldschulden oder Gattungsschulden der gleichen Gattung).

c) Die Aktivforderung, mit der aufgerechnet wird, muß entstanden und fällig sein. Ihr darf keine Einrede entgegenstehen, § 390, 1 BGB. Sie muß also durchsetzbar sein.

d) Die Passivforderung, gegen die aufgerechnet wird, muß bestehen und erfüllbar sein – nicht notwendig fällig oder durchsetzbar, vgl. hierzu § 271 I und II BGB, § 762 BGB.

e) Die Aufrechnung muß gemäß § 388 BGB dem anderen Teil erklärt werden. Die Aufrechnungserklärung ist eine empfangsbedürftige Willenserklärung (vgl. § 130 BGB).

B § 389 BGB. Die Wirkung der Aufrechnung wird auf den Zeitpunkt zurückbezogen, in dem die Aufrechnungslage eingetreten ist, d.h. in dem die Forderungen zuerst hätten aufgerechnet werden können.

Hinweis: Rückwirkung notwendig für zwischenzeitlich eingetretene Rechtsfolgen, z.B. Verzug.

2. *Gegenseitigkeit der Forderungen*
A ist als Aufrechnungsgegner zwar Schuldner der Aktivforderung (Kaufpreisforderung), aber nach der Abtretung nicht mehr Gläubiger der Passivforderung (Darlehensrückzahlung).

3. § 406 BGB betrifft die Aufrechnung gegenüber dem neuen Gläubiger und kann daher im vorliegenden Fall nicht eingreifen. § 407 I BGB setzt im 2. Hs ein Rechtsgeschäft zwischen Schuldner und Altgläubiger hinsichtlich der Forderung voraus, das nach der Abtretung vorgenommen wird. Die Aufrechnung bringt die Forderung zum Erlöschen (§ 389 BGB), ist also ein Rechtsgeschäft hinsichtlich der Forderung. § 407 I BGB kommt daher hier in Betracht. Da S bei der Aufrechnung die Abtretung nicht kennt, greift § 407 I BGB ein. N muß die Aufrechnung gegen sich gelten lassen, d.h. seine Forderung erlischt gemäß § 389 BGB mit der Aufrechnung.

IV. 1. Eine Aufrechnung gegenüber dem bisherigen Gläubiger A kommt nicht in Betracht, weil A nicht mehr Gläubiger der Darlehensforderung ist und S sich nicht auf die Schutzvorschrift des § 407 BGB berufen kann, da er Kenntnis von der Abtretung hat. Möglich erscheint aber eine Aufrechnung gegenüber dem neuen Gläubiger nach § 406 BGB. Durch den Erwerb der Forderung, mit der S aufrechnen will (Aktivforderung – hier die Forderung aus dem Kaufvertrag gemäß § 433 Abs. 2 BGB), war A Gläubiger der Darlehensforderung und zugleich Schuldner der Kaufpreisforderung. Somit schuldeten A und S sich gegenseitig Geld; demnach war die Aufrechnungslage i.S. § 387 BGB gegeben. Da die Abtretung der Darlehensforderung durch A an N zeitlich nach dem Erwerb der Kaufpreisforderung durch S lag und sowohl die Darlehensforderung (lt. Sachverhalt) als auch die Kaufpreisforderung (§ 271 BGB) vor der Abtretung fällig waren, kann S nach § 406 BGB dem N gegenüber die Aufrechnung erklären.

I. 1. a) *Bewegliche Sache* — Ein Kraftfahrzeug ist eine Sache i.S. § 90 BGB, es ist auch eine bewegliche Sache.

b) *Einigung* — E hat B mit seinem Brief ein Angebot auf Abschluß eines Einigungsvertrages (§ 929 BGB) gemacht; der Dankbrief des B ist die Annahme. Beide haben sich daher wirksam geeinigt.

c) *Eigentum des Veräußerers* — E war laut Sachverhalt („seinen" Kraftwagen) Eigentümer des Fahrzeugs.

d) *Vorheriger Besitz des Erwerbers* — Als Entleiher war der Erwerber unmittelbarer Besitzer.

2. Der Erwerber ist schon vor der Einigung Besitzer der Sache; daher entfällt die Übergabe.

II. 1. a) *Bewegliche Sache* — liegt vor.

b) *Einigung* — laut Sachverhalt „vereinbart".

c) *Eigentum des Veräußerers* — laut Sachverhalt veräußert E „seinen" Wagen.

d) *Abtretung des Herausgabeanspruchs*

aa) *Unmittelbarer Besitz eines Dritten* — B war Dritter (weder Erwerber noch Veräußerer). Er hatte als Entleiher unmittelbaren Besitz.

bb) *Herausgabeanspruch des Eigentümers gegen den Dritten* — Der Verleiher hat gegen den Entleiher nach § 604 BGB einen (zukünftigen) Anspruch auf Rückgabe.

cc) *Abtretung* — Ist durch (formlose) Einigung der Parteien, § 398 BGB, gegeben.

2. § 931 BGB setzt unmittelbaren Besitz eines Dritten voraus. Daher tritt an die Stelle der Übergabe die Abtretung des Herausgabeanspruchs, die es dem Erwerber ermöglicht, sich den unmittelbaren Besitz vom Dritten zu verschaffen.

3. (1) Kaufvertrag

(2) Einigung (§ 929 BGB)

(3) Abtretung des Herausgabeanspruchs

4. a) *Bei Abschluß der Vereinbarung zwischen E und D.*

III. 1. a) *Bewegliche Sache* — Das Kraftfahrzeug ist eine bewegliche Sache.

b) *Einigung* — E und B können sich einigen.

c) *Eigentum des Veräußerers* — E ist Eigentümer des Fahrzeugs.

d) *Besitzkonstitut* — Da E unmittelbarer Besitzer ist, kann hier die Übergabe durch ein Besitzkonstitut (hier Sicherungsvertrag) ersetzt werden.

2. Die Sache wird nicht übergeben, so daß der Erwerber nur mittelbaren Besitz erhält. An die Stelle der Übergabe tritt die Vereinbarung eines besitzmittelnden Rechtsverhältnisses (Besitzkonstitut).

3. Die Übergabe erfolgt nicht, sondern entfällt (§ 929 S.1 BGB) oder wird durch „Surrogate" ersetzt (§§ 930, 931 BGB).

IV. 1. A **§ 929 BGB**

Bewegliche Sache und Einigung liegen vor.

Übergabe ist mit der Aushändigung der Papiere und Schlüssel gegeben.

Eigentum des Veräußerers fehlte hier, daher kein Eigentumserwerb nach § 929 BGB.

§ 932 BGB

Die beiden Voraussetzungen der Einigung und Übergabe liegen vor. Statt Eigentum des Veräußerers genügt nach § 932 BGB, daß der Erwerber in gutem Glauben ist. Guter Glaube liegt nach § 932 Abs. 2 BGB nicht vor, wenn der Erwerber positiv wußte oder infolge grober Fahrlässigkeit nicht wußte, daß der Veräußerer nicht Eigentümer war. Im vorliegenden Fall kann angesichts der Aushändigung aller Fahrzeugpapiere, die außerdem auf B lauteten, kein böser Glaube des G angenommen werden.

Somit hatte G nach § 932 BGB Eigentum erworben.

2. Ja, nur grobe Fahrlässigkeit macht bösgläubig.

3. –

V. 1. Die Voraussetzungen Einigung und Übergabe sowie das Eigentum des Veräußerers liegen an sich vor. Jedoch ist die Einigung nach §§ 455, 158 Abs. 1 BGB aufschiebend bedingt. Da die Bedingung noch nicht eingetreten ist (Z hat die Maschine bei H noch nicht bezahlt), war Z noch nicht Eigentümer geworden.

2. Grundsätzlich erfolgt die Eigentumsübertragung an beweglichen Sachen nach § 929 BGB.

Eine Maschine ist eine bewegliche Sache (§ 90 BGB). Auch wurde die Maschine von Z an K übergeben, doch war Z, wie oben unter V. 1. festgestellt, nicht Eigentümer der Maschine. Es fehlt daher an einer Voraussetzung des § 929 S. 1 BGB. Jedoch kann das fehlende Eigentum des Veräußerers in § 929 BGB durch den guten Glauben des Erwerbers nach § 932 BGB ersetzt werden. Nach § 932 BGB ist derjenige bösgläubig, dem bekannt oder nur infolge grober Fahrlässigkeit unbekannt war, daß die Sache nicht dem Veräußerer gehört. Da K von der Vereinbarung des Eigentumsvorbehalts zwischen K und Z wußte und ihm außerdem bekannt war, daß Z Zahlungsschwierigkeiten hatte, hätte er sich danach erkundigen müssen, ob Z durch Zahlung des Kaufpreises (Bedingungseintritt gemäß § 158 Abs. 1 BGB) Eigentümer der Maschine geworden war. Die Unterlassung dieser ganz naheliegenden Überlegung ist als grobe Fahrlässigkeit einzustufen. K war damit nach § 932 Abs. 2 BGB nicht mehr gutgläubig, er konnte also auch nicht nach § 929 i.V. § 932 BGB Eigentum von Z erwerben.

3. K könnte von Z gemäß § 929 BGB Eigentum erworben haben. Z und K vereinbarten den Eigentumsübergang an der beweglichen Sache „Maschine". Die Maschine wurde auch von Z an K übergeben. Jedoch war Z nach §§ 929, 455, 158 I BGB noch nicht Eigentümer der Maschine geworden, da er den Kaufpreis noch nicht an H gezahlt hatte, somit war noch H der Eigentümer der Maschine. In der vereinbarten Eigentumsvorbehaltsklausel konnte aber eine Einwilligung des H gemäß § 185 BGB gesehen werden, die Z berechtigt, Eigentum an der Maschine zu übertragen.

VI. 1. A *Voraussetzung*

a) B müßte eine *Verfügung* getroffen haben. Dies ist der Fall, da er das Eigentum an dem Auto an G übertragen hat.

b) B müßte als *Nichtberechtigter* verfügt haben. Dies liegt ebenfalls vor, da er Nichteigentümer war.

c) Die Verfügung müßte dem Berechtigten gegenüber wirksam gewesen sein. Berechtigter war E. Wie oben geprüft, hat G nach § 932 BGB das Eigentum erworben, E hat es also verloren. Somit wirkte die Verfügung des B gegenüber E.

Daher liegen die Voraussetzungen des § 816 Abs. 1 S. 1 BGB vor.

B *Folge*

Herausgabe des durch die Verfügung Erlangten. Nach dem Abstraktionsprinzip wird zwar die Gegenleistung bei dem Verkauf juristisch nicht durch die Verfügung (Übereignung) erlangt, wirtschaftlich gesehen aber doch durch die Einbettung in das obligatorisch/dingliche Gesamtgeschehen. Daher ist der Verkaufserlös durch die Verfügung erlangt i.S. des § 816 I 1 BGB.

2. § 816 Abs. 1 S. 2 BGB: Herausgabeanspruch gegen den Beschenkten.

3. § 932 BGB läßt den Gutgläubigen Eigentum erwerben. Diese dingliche Rechtslage wird durch § 816 Abs. 1 BGB korrigiert.

a) Im Falle der Entgeltlichkeit wird der Erwerber ganz geschützt, der Veräußerer muß den erlangten Gesamtwert herausgeben.

b) Im Falle der Unentgeltlichkeit ist der Erwerber nicht in gleicher Weise schutzwürdig. Ihm bleibt zwar zunächst die sachenrechtliche Position des Eigentums erhalten. Er ist jedoch schuldrechtlich und unter den milden Bedingungen des Bereicherungsrechts verpflichtet, den Status quo wiederherzustellen, also die Sache zurückzuübereignen.

A bittet um Auskunft, ob er Lieferung der Nudeln verlangen kann. Dieser Anspruch könnte sich auf § 433 Abs. 1 S. 1 BGB stützen. Nach dieser Vorschrift wird der Verkäufer durch den Kaufvertrag verpflichtet, dem Käufer die verkaufte Sache zu übergeben und das Eigentum an ihr zu verschaffen. Nach ihrem Wortlaut setzt die Anspruchsgrundlage das Bestehen eines wirksamen Kaufvertrages zwischen den Parteien voraus.

Der Abschluß eines Kaufvertrages erfordert zwei Willenserklärungen, nämlich Antrag und Annahme.

1. **Antrag**

a) In dem Anruf des A vom Freitag ist noch kein Vertragsantrag zu sehen. Es handelt sich dabei lediglich um die unverbindliche Einholung einer Auskunft. Somit lagen nur Vorverhandlungen vor.

b) Dagegen enthält das Telefongespräch vom Samstag einen Antrag des A. Unter einem Antrag versteht man eine einseitige empfangsbedürftige Willenserklärung, die auf den Abschluß eines Vertrages gerichtet und so bestimmt ist, daß sie vom Erklärungsgegner durch ein einfaches „Ja" angenommen werden kann. Das Angebot des A war bestimmt hinsichtlich des Kaufgegenstandes, der zu liefernden Menge und des Preises.

c) Dieses Angebot hätte von B gemäß § 147 Abs. 1 S. 2 BGB sofort, also noch während des Ferngespräches, angenommen werden müssen. Die telefonische Annahmeerklärung des B erfolgte aber unter einer Einschränkung hinsichtlich des Preises. Es handelt sich hierbei um eine Einschränkung gemäß § 150 Abs. 2 BGB. Infolgedessen gilt die Erklärung des B als Ablehnung des Antrages des A und als neue Offerte des B, gerichtet auf den Abschluß eines Kaufvertrages über die von A genannte Ware und Menge, aber zu einem höheren Preis. Das Angebot ist also nicht von A, sondern von B abgegeben worden.

2. **Annahme**

Die Annahme, die ebenfalls eine einseitige empfangsbedürftige Willenserklärung darstellt, müßte durch A erfolgt sein.

a) Gemäß § 147 Abs. 1 S. 2 BGB hätte die Annahme seitens des A sofort, also ebenfalls während des Telefongespräches, erklärt werden müssen. An die Stelle dieser gesetzlichen Annahmefrist tritt aber gemäß § 148 BGB die von B gesetzte Frist bis Samstag 12 Uhr. Bis zu diesem Zeitpunkt müßte die Annahmeerklärung des A dem B zugegangen sein.

b) Die Annahmeerklärung könnte in dem Telegramm „Bestätige mündlichen Vertragsschluß" liegen. A spricht zwar von einem Vertragsschluß, dieser ist jedoch noch nicht erfolgt, da – wie oben festgestellt – bisher nur ein Antrag des B vorliegt. Unter Erforschung des wirklichen Willens des A ist seine Willenserklärung gemäß § 133 BGB als Annahmeerklärung auszulegen, weil der Wille des A darauf gerichtet war, einen Kaufvertrag mit B unter den von diesem genannten Voraussetzungen abzuschließen. Der Vertrag ist aber nur dann wirksam zustandegekommen, wenn die Annahme dem B innerhalb der gesetzten Annahmefrist, also bis spätestens Samstag 12 Uhr mittags, zugegangen ist (§ 130 Abs. 1 S. 1 BGB). Zugang bedeutet, daß die Erklärung derart in den Machtbereich des Adressaten gelangt sein muß, daß er unter normalen Umständen die Möglichkeit der Kenntnisnahme hat. Dies ist mit der Abgabe des Telegramms beim Pförtner der Fall. Ob er das Telegramm weiterleitet oder nicht, spielt keine Rolle.

3. **Ergebnis**

Daher ist mit dem Zugang der Annahmeerklärung des A bei B ein Kaufvertrag zustandegekommen. Sein Inhalt richtet sich nach dem Antrag des B, den A durch das Telegramm einschränkungslos angenommen hat. Infolgedessen kann A von B gemäß § 433 Abs. 1 S. 1 BGB Lieferung der Nudeln verlangen. Der Preis beträgt vereinbarungsgemäß DM 1,10 pro Kilo (§ 433 Abs. 2 BGB).

Da zwischen C und dem Bauunternehmer A keine vertraglichen Beziehungen bestehen, kann sich der Schadensersatzanspruch nur auf Delikt stützen. A hat nicht selbst gehandelt; infolgedessen kommt der Tatbestand des § 831 BGB in Betracht.

Diese Vorschrift setzt voraus, daß ein Verrichtungsgehilfe des A tätig geworden ist, der durch die Schädigung des C den objektiven Tatbestand einer unerlaubten Handlung verwirklicht und in Ausführung der ihm übertragenen Verrichtung gehandelt hat. Schließlich ist ein Verschulden des A erforderlich, welches vermutet wird, so daß es ihm obliegt, den Entlastungsbeweis zu führen.

1. **Identität zwischen Geschäftsherrn und Haftendem**

   A hat B zu einer Tätigkeit bestellt und wird auch auf Schadensersatz in Anspruch genommen.

2. **Eigenschaft des B als Verrichtungsgehilfe**

   An dem Sachverhalt sind mehrere Personen beteiligt, nämlich der Bauunternehmer A, der Vorarbeiter B, die ihm unterstellten Kanalarbeiter sowie der Geschädigte C. Als Verrichtungsgehilfe im Sinne § 831 Abs. 1 S. 1 BGB kommt B in Betracht, weil er sowohl die Kanalarbeiten insgesamt geleitet als auch im einzelnen das Öffnen des Kanaldeckels angeordnet hat, ohne danach Vorkehrungen für eine ausreichende Absicherung getroffen zu haben. B war Verrichtungsgehilfe des A, weil er als dessen Arbeitnehmer mit der Durchführung der betreffenden Arbeiten betraut war und zu A in einem Unterordnungsverhältnis stand. Das Unterordnungsverhältnis ergibt sich daraus, daß B von A abhängig und streng weisungsgebunden war.

3. **Handeln in Ausführung der übertragenen Verrichtung**

   Das Verhalten des B erfolgte in Ausführung der ihm übertragenen Verrichtung, nicht bloß bei Gelegenheit der Erledigung dieser Aufgabe; denn B war damit beauftragt worden, für den Abfluß der Wassermassen zu sorgen und alle damit in Zusammenhang stehenden Maßnahmen zu treffen.

4. **Verwirklichung des objektiven Tatbestandes einer unerlaubten Handlung, hier § 823 Abs. 1 BGB**

   a) *Handlung*

   Die Handlung kann in einem positiven Tun oder einem Unterlassen bestehen. Hier liegt der Schwerpunkt des Handelns des B darin, daß er den Kanalschacht nach dem Öffnen des Deckels nicht abgesichert hat. Somit liegt eine Unterlassung vor.

   b) *Rechtsgut- und Rechtsverletzung*

   Verletzt wurde der Körper des C.

   c) *Kausalität*

   Zwischen der fehlenden Absicherung und der Rechtsgutverletzung besteht ein ursächlicher Zusammenhang. Denn durch das Aufstellen eines Warnschildes oder sonstige geeignete Maßnahmen wäre die Schädigung vermieden worden.

   d) *Adäquanz*

   Der Kausalzusammenhang liegt auch nicht außerhalb aller Lebenserfahrung, ist also adäquat.

   e) *Rechtswidrigkeit*

   Die Rechtswidrigkeit ist nicht indiziert, weil es sich nicht um ein positives Tun des B handelt. Die Unterlassung ist nur dann rechtswidrig, wenn B durch sein Verhalten gegen eine konkrete Rechtspflicht zum Handeln verstoßen hat. In diesem Falle ergibt sich die Rechtspflicht aus der Schaffung einer Gefahrenquelle. Wer eine Gefahrenquelle schafft, hat dafür Sorge zu tragen, daß durch diese kein Dritter geschädigt wird (Verkehrssicherungspflicht). Eine Gefahrenquelle für die Allgemeinheit hat B durch das Öffnen des Kanaldeckels geschaffen. Gegen die sich daraus ergebende Rechtspflicht hat er insofern verstoßen, als keine Vorkehrungen zum Schutze dritter Personen getroffen wurden, insbesondere weder eine Absperrung erfolgte noch Warnschilder aufgestellt wurden.

   Hinweis: Der Bearbeiter wird darauf hingewiesen, daß es auf ein Verschulden des Verrichtungsgehilfen nicht ankommt, da § 831 BGB in der Person des Verrichtungsgehilfen lediglich den objektiven Tatbestand einer unerlaubten Handlung fordert und auf das vermutete Verschulden des Geschäftsherrn abstellt.

5. **Schaden des C**

   Durch die Verletzung seines Körpers sind dem C Heilkosten entstanden. Die dadurch verursachte Vermögensminderung stellt einen Schaden dar.

6. **Entlastungsmöglichkeit des A**

Ein Verschulden des Geschäftsherrn A wird nach § 831 Abs. 1 S. 2 BGB vermutet. Dem A ist jedoch durch diese Vorschrift die Möglichkeit der Exculpation eingeräumt. Dieser Entlastungsbeweis ist zu führen hinsichtlich der Auswahl des Verrichtungsgehilfen, nicht hinsichtlich der Beschaffung von Vorrichtungen und Gerätschaften sowie der Leitung des Verrichtungsgehilfen, da derartige besondere Pflichten hier offenbar nicht verletzt sind. Die sorgfältige Auswahl des Verrichtungsgehilfen hat sich auf den Zeitpunkt der Schädigung zu beziehen. Zwar war B zur Zeit seiner Einstellung mit Rücksicht auf seine außergewöhnlich guten Zeugnisse sorgfältig ausgewählt. Entscheidend ist aber die sorgfältige Auswahl zur Zeit der Schädigung; auf diesem Gesichtspunkt beruht die ständige Überwachungspflicht, welche den Geschäftsherrn trifft. Gegen diese Pflicht hat A dadurch verstoßen, daß er den B nicht laufend überwacht hat. Er hätte sich zumindest durch einzelne Kontrollen von der Arbeitsweise des B überzeugen müssen. Da er dies nicht getan hat, kann A den Entlastungsbeweis gemäß § 831 Abs. 1 S. 2 BGB nicht führen.

Ergebnis

Infolgedessen haftet A dem C nach § 831 BGB auf Schadensersatz.

I. **Ansprüche des K gegen H (Grundfall)**

1. *Anspruch aus § 433 I, 1 BGB*

Der Verkäufer einer beweglichen Sache ist nach § 433 Abs. 1 S. 1 BGB zur Übergabe und Übereignung an den Käufer verpflichtet.

Diese Verpflichtung setzt voraus, daß ein wirksamer Kaufvertrag zustandegekommen ist.

Dem wirksamen Vertragsschluß könnte jedoch entgegenstehen, daß das Bild einen Tag vor Vertragsschluß durch Zerstörung unterging.

Gemäß § 306 BGB ist ein Vertrag, der auf eine objektiv unmögliche Leistung gerichtet ist, von Anfang an nichtig. Da das Bild vor Vertragsschluß durch Zerstörung untergegangen war, die Verpflichtung zur Übergabe und Übereignung eines nicht vorhandenen Bildes niemandem möglich ist, war der Vertrag hinsichtlich der Pflicht des Verkäufers auf eine objektiv unmögliche Leistung gerichtet und deshalb nach § 306 BGB nichtig.

Da ein wirksamer Kaufvertrag zwischen H und K wegen § 306 BGB nicht zustandegekommen war, steht dem K kein Anspruch aus § 433 Abs. 1 S. 1 BGB zu.

2. *Schadensersatzanspruch aus § 307 BGB*

Nach § 307 BGB ist derjenige, der die Unmöglichkeit der Leistung bei Vertragsschluß kannte oder kennen mußte, dem anderen Teil zum Ersatz des Schadens verpflichtet, den letzterer dadurch erleidet, daß er auf die Gültigkeit des Vertrages vertraute. Positive Kenntnis vom Untergang des Bildes hatte H nicht.

Zu prüfen ist aber, ob H die Zerstörung des Bildes hätte kennen müssen. Nach der Legaldefinition des § 122 Abs. 2 BGB versteht das BGB unter „kennen müssen" die auf Fahrlässigkeit beruhende Unkenntnis. Fahrlässige Unkenntnis ist nach § 276 I, 2 BGB gegeben, wenn die Unkenntnis auf Verletzung der im Verkehr erforderlichen Sorgfalt beruht. Da der Angestellte A dem H am Tage der Zerstörung von Schäden im Lager berichtet hatte, hätte H bei Vertragsschluß die Möglichkeit in Rechnung stellen müssen, daß auch das zu verkaufende Bild von den Zerstörungen betroffen wurde. Es wäre demnach erforderlich gewesen, daß H sich bei A erkundigte, ob das fragliche Bild noch vorhanden war oder nicht. Da H dieser Erkundigungspflicht nicht nachgekommen war, hat er die unter den gegebenen Umständen erforderliche Sorgfalt verletzt. Seine Unkenntnis beruht insoweit auf Fahrlässigkeit; H hätte die Unmöglichkeit der Leistung kennen müssen.

Da H den Untergang des Bildes und damit die Unmöglichkeit der Leistung hätte kennen müssen, dagegen der K weder positive Kenntnis noch fahrlässige Unkenntnis von diesem Umstand hatte, ist H dem K zum Ersatz des Schadens verpflichtet, den K erlitten hat, weil er auf die Gültigkeit des Vertrages vertraute.

K hat im Vertrauen auf die Gültigkeit des Kaufvertrages dem H DM 2 500,– gezahlt. Durch die Zahlung ist das Vermögen des K in Höhe von DM 2 500,– geringer geworden. Ein weiterer Schaden ist nicht ersichtlich. H ist dem K deshalb gemäß § 307 BGB zum Schadensersatz in Höhe von DM 2 500,– verpflichtet.

3. *Anspruch des K aus ungerechtfertigter Bereicherung § 812 I BGB auf Herausgabe des Erlangten*

Ein Anspruch aus § 812 Abs. 1 S. 1 BGB setzt eine Bereicherung des H einerseits und eine Entreicherung des K andererseits voraus. Weiter muß die Be- und Entreicherung durch unmittelbare Vermögensverschiebung und rechtsgrundlos erfolgt sein.

a) K ist um Besitz und Eigentum an bar gezahltem Geld (Übereignung nach §§ 854, 929 S. 1 BGB), also um DM 2 500,– entreichert, während H um DM 2 500,– bereichert ist.

b) Diese Be- und Entreicherung müßte durch unmittelbare Vermögensverschiebung erfolgt sein. K hat dem H die DM 2 500,– durch Zahlung willentlich und bewußt zugewendet; damit ist die Be- und die Entreicherung durch ein- und denselben tatsächlichen Vorgang eingetreten.

c) Die Vermögensverschiebung müßte rechtsgrundlos erfolgt sein. Da der Kaufvertrag wegen § 306 BGB von Anfang an nichtig war, bestand für K keine schuldrechtliche Verpflichtung zur Zahlung der DM 2 500,–. Die Leistung erfolgte demnach ohne rechtlichen Grund.

H wurde durch die Zahlung der DM 2 500,– rechtsgrundlos in dieser Höhe bereichert und K um diesen Betrag entreichert. Demnach ist H gemäß § 812 Abs. 1 S. 1 BGB zur Herausgabe von DM 2 500,– an K verpflichtet.

Der Schadensersatzanspruch in Höhe von DM 2 500,– aus § 307 BGB und der Herausgabeanspruch aus ungerechtfertigter Bereicherung gemäß § 812 Abs. 1 S. 1 BGB in Höhe von ebenfalls DM 2 500,– stehen in Anspruchskonkurrenz.

II. **Ansprüche des K (Fallvariante)**

1. Denkbar wäre ein Anspruch des K gemäß § 433 Abs. 1 S. 1 BGB auf Übergabe und Übereignung des Bildes. Dem könnte entgegenstehen, daß A das Bild an X verkaufte, übergab und übereignete und H gemäß § 275 BGB von seiner Leistungspflicht befreit sein könnte.

   Gemäß § 275 Abs. 2 BGB wird der Schuldner von seiner Leistungspflicht frei, wenn er nach Entstehung des Schuldverhältnisses aus nicht zu vertretenden Gründen zur Leistung unvermögend wurde. Insoweit steht nach § 275 Abs. 2 BGB das nachträgliche Unvermögen der nachträglichen Unmöglichkeit gleich.

   a) Es müßte nachträgliches Unvermögen vorliegen. Ein nachträgliches Unvermögen läge vor, wenn H nach Vertragsschluß die Leistung nicht mehr erbringen könnte, dies jedoch einem Dritten noch möglich wäre.

      Durch die Veräußerung und Übereignung des Bildes an X, die A gemäß §§ 929 S. 1, 164 BGB im Rahmen seiner Vertretungsmacht vornahm, verlor H sein Eigentum an dem Bilde an X. Damit kann H mangels Eigentums seiner Leistungspflicht aus § 433 Abs. 1 S. 1 BGB nicht mehr nachkommen, während dies dem X möglich wäre. Es liegt danach ein Fall nachträglichen Unvermögens vor.

   b) Die Befreiungswirkung nach § 275 BGB tritt nur ein, wenn das nachträgliche Unvermögen nicht auf von H zu vertretenden Umständen beruht.

      Welche Umstände H zu vertreten hat, ergibt sich aus § 276 ff. BGB.

      aa) Denkbar wäre, daß H sich gemäß § 278 BGB ein Verschulden des A zurechnen lassen müßte. Es müßte A ein Verschulden im Sinne § 276 BGB treffen und A müßte Erfüllungsgehilfe hinsichtlich der Verbindlichkeit gegenüber K gewesen sein. Da A sich jedoch im Rahmen der ihm übertragenen Geschäftsführung hielt, hat A durch die Veräußerung des Bildes an X nicht schuldhaft gehandelt.

      bb) Den H könnte jedoch ein eigenes Verschulden treffen. H träfe ein Verschulden, wenn er sein nachträgliches Unvermögen vorsätzlich oder fahrlässig herbeigeführt hätte.

      H wußte nichts vom Verkauf des Bildes durch A, insoweit entfällt Vorsatz, gerichtet auf den Eintritt des Unvermögens.

      H könnte den Eintritt des Unvermögens fahrlässig herbeigeführt haben. Als H das Bild an K verkaufte, hätte er bedenken müssen, daß A mit der Führung der Geschäfte beauftragt war und es zu einem anderweitigen Verkauf des Bildes kommen könnte. Aufgrund dieser Möglichkeit hätte es die im Verkehr erforderliche Sorgfalt erfordert, daß H den A über den Verkauf an K benachrichtigt und den anderweitigen Verkauf verhindert hätte. Da H diese Benachrichtigung des A unterlassen hat, verletzte er die im Verkehr erforderliche Sorgfalt und führte fahrlässig sein Unvermögen herbei.

      Das Unvermögen des H beruht auf einem Umstand, den H zu vertreten hat, deshalb entfällt eine Leistungsbefreiung des H gemäß § 275 Abs. 2 BGB.

2. Ansprüche des K gegen H richten sich, da ein Fall des zu vertretenden Unvermögens vorliegt, nach § 325 BGB.

   a) Dann müßte ein gegenseitiger Vertrag vorliegen. Da H und K einen Kaufvertrag schlossen, liegt ein gegenseitiger Vertrag vor.

   b) Die dem H obliegende Leistung müßte unmöglich geworden sein. Zwar ist die Übergabe und Übereignung des Bildes nicht objektiv unmöglich, denn der jetzige Eigentümer X könnte diese Leistung erbringen, es reicht jedoch auch nachträgliches Unvermögen, weil gemäß § 275 Abs. 2 BGB das nachträgliche Unvermögen der nachträglichen Unmöglichkeit gleichsteht. Durch die Übereignung an X ist H nachträglich zur Leistung unvermögend geworden (s. II. 1. a).

   c) H hat den Umstand, der zu seinem Unvermögen führte, auch zu vertreten, weil er es unterließ, die Veräußerung an X zu verhindern (s. II. 1. b, bb).

   H hat durch die versäumte Benachrichtigung des A sich in der ihm obliegenden Übergabe und Übereignungspflicht an K fahrlässig unvermögend gemacht; damit kann K Rechte aus § 325 I BGB geltend machen.

   a) Schadensersatz wegen Nichterfüllung verlangen.

      Nach der Differenztheorie kann K dann die Differenz zwischen dem Wert des geschuldeten Gegenstandes und der eigenen Gegenleistung (DM 3000,– ./. DM 2500,– = DM 500,–) verlangen.

b) K kann auch vom Vertrag zurücktreten und die gezahlten DM 2500,– über §§ 327, 346 BGB zurückverlangen.

c) Nach § 325 Abs. 1 S. 3 BGB kann K auch Rechte aus § 323 BGB geltend machen. Interessant für K wäre dann nach § 323 Abs. 2 BGB, über § 281 BGB den für das Bild erzielten Kaufpreis in Höhe von DM 3500,– zu verlangen.

I. A. **Ansprüche auf Rückzahlung des Kaufpreises für die Lieferung vom 15. 7.**

Ein Anspruch auf Rückzahlung könnte sich aufgrund eines Wandelungsrechtes des K nach §§ 459, 462, 346 BGB ergeben.

1. *Kaufvertrag*

Die Wandelung setzt einen bestehenden Kaufvertrag voraus. Dieser ist lt. Sachverhalt offensichtlich gegeben („kauft . . . einen weiteren Posten . . . nach").

2. *Sachmangel*

a) Nach § 459 Abs. 1 BGB läge ein *Sachmangel* vor, wenn der Wert oder die *Tauglichkeit* der Farbe gemindert wäre. Da sie lt. Sachverhalt nicht wetterbeständig ist, fehlt ihr die Eignung als Fassadenfarbe. Damit ist ihre Tauglichkeit zu dem gewöhnlichen Gebrauch ihrer Gattung mindestens gemindert (objektiver Mangel). Diese Minderung der Tauglichkeit setzt jedenfalls auch ihren Handelswert herab, so daß auch eine *Wertminderung* vorliegt. Der Mangel ist auch offensichtlich nicht unerheblich.

b) Als Voraussetzung der Wandelung könnte auch das *Fehlen einer zugesicherten Eigenschaft* (§ 459 Abs. 2 BGB) alternativ in Betracht kommen. Der Verkäufer hat bei dem am 4. 7. abgeschlossenen Kaufvertrag die Angabe des Herstellers durch seine Bekräftigung als eigene Zusicherung übernommen. Es handelt sich bei dem Vermerk: „Geeignet für Außenanstrich" auch nicht um irgendeine Anpreisung, sondern um eine für die Verarbeitung erforderliche technische Angabe. Diese Zusicherung wurde beim Kauf der zweiten Partie nicht wiederholt, aber man kann davon ausgehen, daß nach dem Willen der Parteien der Inhalt des Kaufvertrages bei der Nachbestellung dem des ersten Kaufvertrages entsprechen sollte. Somit fehlte es auch beim zweiten Vertrag an einer zugesicherten Eigenschaft.

c) Sachmangel und Willen der zugesicherten Eigenschaft waren auch *im Augenblick des Gefahrübergangs* (nach § 446 BGB bei der Übergabe) bereits gegeben.

3. § 460 BGB greift nicht ein, da K den Mangel nicht kannte oder kennen mußte.

Somit liegen die Voraussetzungen der Wandelung vor, als Folge ergibt sich aus §§ 467, 346 BGB ein Recht auf Wandelung, das zur Rückgewähr des Kaufpreises Zug um Zug (§ 348 HGB) gegen Rückgabe der Farbe führt.

B. **Rückzahlung des Kaufpreises für die verarbeitete Farbe der Lieferung vom 4. 7.**

Die Voraussetzungen der Wandelung liegen hier ebenso wie im Falle A. vor. Fraglich könnte jedoch sein, ob die Verarbeitung den Rückgewähranspruch hinsichtlich des Geldes ausschließt. § 352 BGB, auf den § 467 S. 1 BGB verweist, schließt den Rücktritt aus, wenn der Rücktrittsberechtigte (hier: der Käufer) die empfangene Sache (hier: die Farbe) verarbeitet hat. Jedoch erhält § 467 S. 1, 2 Hs. BGB dem Käufer das Wandelungsrecht, wenn der Mangel sich erst bei der Umgestaltung durch Verarbeitung gezeigt hat. Dieser Rückausnahmefall liegt hier vor, denn erst nach der Ausführung des Anstrichs zeigte sich, daß die Farbe nicht wetterfest war. Also kann K auch hinsichtlich der am 4. 7. gekauften Partie seine Zahlung zurückverlangen.

C. **Ersatz der Kosten für den Neuanstrich des Hauses**

Dieser Anspruch könnte auf § 480 Abs. 2 BGB gestützt werden.

1. Der Kauf war ein *Gattungskauf*, da es nicht in der Absicht der Parteien lag, einen ganz bestimmten Eimer der betreffenden Farbe zum Gegenstand des Vertrages zu machen.

2. Es fehlte an einer *zugesicherten Eigenschaft* (§ 459 Abs. 2 BGB), wie dies bereits oben festgestellt wurde, und zwar auch zur Zeit des Gefahrübergangs. Somit ist der Anspruch aus § 480 Abs. 2 BGB grundsätzlich gegeben.

3. Fraglich ist jedoch, *ob gerade der geltend gemachte Schaden ersatzfähig ist.* Nach neuerer Auffassung in Literatur und Rechtsprechung fällt unter §§ 463, 480 Abs. 2 BGB jeder Schaden, der durch die Gewährleistung abgesichert werden sollte. Wenn die Geeignetheit einer Farbe als Außenanstrich gewährleistet wird, so ist von Anfang an klar, daß bei Fehlen dieser Eigenschaft ein Neuanstrich und evtl. Gerüstmiete notwendig werden können. Die Zusicherung soll dem Käufer soviel Vertrauen einflößen, daß er diese Gefahr als ihm abgenommen betrachtet. Daher fällt der hier entstandene Schaden in den Bereich der Zusicherung. K kann also Ersatz für den Neuanstrich und die Gerüstmiete von V nach § 480 Abs. 2 BGB verlangen.

Ansprüche aus positiver Forderungsverletzung würden sich hier mit dem Anspruch aus § 480 Abs. 2 BGB decken und fallen daher als subsidiär aus.

II. **Anspruch auf Ersatz des entgangenen Gewinns aus dem Großauftrag**

A. Als Anspruchsgrundlage könnte hier wiederum § 480 Abs. 2 BGB in Betracht kommen. Die Voraussetzungen sind die gleichen wie bei den Kosten für Neuanstrich und Gerüstmiete. Doch ist fraglich, ob der weitergehende Schaden, der durch die Rufverschlechterung und den daraus folgenden Gewinnausfall entstanden ist, als ersatzfähig im Sinne des § 463 BGB angesehen werden kann. Dieser Schaden geht über den normalen Bereich einer Schädigung durch Fehlen der Eignung als Außenanstrich hinaus. Er ist durch eine unglückliche Verkettung von Umständen entstanden. Bei Betrachtung ex ante kann man nicht annehmen, der Hersteller habe seine Gewährleistung auch auf solche weiterführenden Folgen des Fehlens einer zugesicherten Eigenschaft erstrecken wollen. Daher fällt dieser Schaden nicht unter § 463 BGB und ist nicht zu ersetzen.

B. **Ansprüche aus positiver Forderungsverletzung**

1. Zwischen K und V bestand ein Kaufvertrag, aus dem die Pflicht zur ordnungsgemäßen Lieferung der gekauften Sachen entstand.

2. Eine gesetzlich geregelte Leistungsstörung (Verzug und Unmöglichkeit) lag offenbar nicht vor, da geleistet wurde. Die kaufrechtliche Gewährleistung erfaßt den betreffenden Schaden offensichtlich nicht. Der Anspruch aus positiver Forderungsverletzung ist daher nicht aus dem Gesichtspunkt der Subsidiarität ausgeschlossen.

3. Eine objektive Leistungsstörung in der Form der Schlechterfüllung der Hauptpflicht aus dem Kaufvertrag lag vor.

4. Fraglich ist aber, ob V die Leistungsstörung zu vertreten hat. Da er selbst gehandelt hat, ist § 276 BGB maßgeblich. Mit der Zusicherung der Eignung als Fassadenfarbe hat V eine erweiterte kaufrechtliche Haftung auf sich genommen. Jedoch kann nicht davon ausgegangen werden, daß er damit die im Verkehr erforderliche Sorgfalt verletzt hat. Für ihn bestand keine Möglichkeit zu beurteilen, in welchen sicherlich seltenen Fällen ein Fabrikationsmangel bei den von ihm verkauften Farben bestehen würde. Somit fehlt es an einem Verschulden des V, der Anspruch aus positiver Forderungsverletzung scheidet damit aus.

Baur, Fritz — Lehrbuch des Sachenrechts, 6. Aufl., München 1970

Brox, Hans — Allgemeines Schuldrecht, 2. Aufl., München 1971

Besonderes Schuldrecht, München 1970

Esser, Josef — Schuldrecht, Band I, Allgemeiner Teil, 4. Aufl., Karlsruhe 1970

Schuldrecht, Band II, Besonderer Teil, 3. Aufl., Karlsruhe 1969

Fikentscher, Wolfgang — Schuldrecht, 3. Aufl., Berlin 1971

Lange, Heinrich — BGB, Allgemeiner Teil, 13. Aufl., München 1970

Larenz, Karl — Lehrbuch des Schuldrechts,

I. Band: Allgemeiner Teil, 10. Aufl., München 1970

II. Band: Besonderer Teil, 9. Aufl., München 1968

Lehmann, Heinrich und *Hübner, Heinz* — Allgemeiner Teil des Bürgerlichen Gesetzbuches, 15. Aufl., Berlin 1966

Lent, Friedrich und *Schwab, Karl Heinz* — Sachenrecht, 12. Aufl., München 1968

Schmelzeisen, Gustaf-Klemens — Bürgerliches Recht (BGB I-III), 2. Aufl., Berlin und Frankfurt a.M., 1969

Westermann, Harry — Sachenrecht, Unveränderter Nachdruck der 5. Aufl. 1966, Karlsruhe 1969

FSC
www.fsc.org
MIX
Papier | Fördert gute Waldnutzung
FSC® C083411

Kolibri 360 GmbH
Ferdinand-Jühlke-Straße 7
99095 Erfurt, Deutschland
produktsicherheit@kolibri360.de